知物 TO KNOW

环球科学新知丛书

Amazing Animals

奇异的动物生存术

《环球科学》杂志社 编

机械工业出版社
CHINA MACHINE PRESS

为什么有些动物的行为如此怪异？在残酷的弱肉强食、充满竞争的动物世界中，动物不断进化，改变生活习性，扬长避短，最终物种得以生存和延续。

《环球科学》汇集在科研一线的专家、世界一流的科学记者和科学作家，向我们揭秘动物是如何演化出一系列匪夷所思的生存技能的。有些技能看似怪异，但它们恰恰是通过这些在人类看来很奇特的行为保障了自身的安全，同时，本书还揭示了动物是如何思考与感知的等一系列惊人发现，向我们展示了那些神奇的生物是如何凭借其奇异特征徜徉于地球的。

图书在版编目（CIP）数据

奇异的动物生存术 /《环球科学》杂志社编. — 北京：机械工业出版社，2023.5
（环球科学新知丛书）
ISBN 978-7-111-72944-0

Ⅰ.①奇…　Ⅱ.①环…　Ⅲ.①动物－普及读物　Ⅳ.①Q95-49

中国国家版本馆CIP数据核字（2023）第057880号

机械工业出版社（北京市百万庄大街22号　邮政编码100037）
策划编辑：兰　梅　　　责任编辑：兰　梅
责任校对：丁梦卓　张　薇　　　责任印制：张　博
北京汇林印务有限公司印刷
2023年7月第1版第1次印刷
148mm×210mm · 6.5印张 · 121千字
标准书号：ISBN 978-7-111-72944-0
定价：59.00元

电话服务
客服电话：010－88361066
010－88379833
010－68326294

网络服务
机　工　官　网：www.cmpbook.com
机　工　官　博：weibo.com/cmp1952
金　书　网：www.golden-book.com
机工教育服务网：www.cmpedu.com

前　言

神奇动物的生活秘史

在非洲，有一种白蚁会用唾液搭建“泥柱”，其高度有时可达 18 英尺（约 5.48 米）。胡蜂的大脑只有两颗沙粒那么大，但却能够识别同伴的脸。在海底，许多独特的海洋细菌、蠕虫和甲壳类动物在腐烂的鲸鱼残骸上安家。为什么动物们的行为如此怪异？在这本书中，科学家们对这些问题做出了解答。他们还揭示了关于动物如何思考与感知的惊人发现，并解释了曾经一些神奇的生物是如何凭借其奇异特征徜徉地球的。

对我们人类而言，一些动物的行为匪夷所思，但却对它们的生死存亡意义重大。以白蚁为例，它们的泥巢可以调节微观气候，白蚁呼吸产生的二氧化碳从蚁丘顶部排出。而在夜间，泥巢的外室使氧气进入，防止它们窒息。其他昆虫有着更为残酷的生存策略，雌性扁头泥蜂将毒液直接注入蟑螂的大脑，使其动弹不得，并把它作为自己尚未出世的后代的储备粮。

人类往往自视甚高，认为我们的聪明才智、社交技能和情感深度是独一无二的。但自然界中很多动物都表现出智慧与情感，以平平无奇的鸡为例。在求偶时，占主导地位的公鸡先进食，所以它们会在啄食的顺序上暗自角逐。一些野生动物甚至能流露出悲伤的情绪，海豚会与已故幼仔的尸体形影不离，而大象会在同伴死后多年都回到尸骨处故地重游。

而另一些动物则令人瞠目结舌。桑氏锯齿鸟（*Pelagornis sandersi*）是一种史前鸟类，它的翼展是信天翁的两倍有余，可长达 24 英尺（约 7.31 米），可谓是无与伦比的海洋翱翔者。而在湿地的隧道深处，生长着粉色肉乎乎鼻子的星鼻鼹鼠，它们每秒可以吞下 5 个猎物。

享受这场奇异的动物生活秘史之旅吧！我想，即便是最奇特的生物，你也一定会有些许感同身受。毕竟，我们也是动物的一员。

安德烈娅·加列夫斯基
（Andrea Gawrylewski）

目录

第3章 它们的怪诞技能点

奇异的动物生存术

第 1 章

它们所做的疯狂事

蜘蛛的伪装

西梅娜·尼尔森（Ximena Nelson）
殷姝雅　译

伪装者在动物王国里比比皆是。阅读任何一本关于拟态的教科书，都会遇到一个物种进化成与另一个物种相似的经典案例，比如模仿珊瑚蛇的王蛇，还有伪装成蜜蜂的蚜蝇。不太为人所知的是有一种名叫蚁蛛（*Myrmarachne*）的跳蛛，它在很多方面都很迷人，看起来完全像蚂蚁一样。不像其他跳蛛有着毛茸茸的圆形身体，蚁蛛有着光滑细长的身体，看起来很像蚂蚁的头部、胸部和腹部，尽管它们的身体其实只有两个部分。

为了完成这个伪装，蚁蛛用它们后面的三对腿行走，然后把最前面的一对腿举过头顶，挥舞着模拟蚂蚁的触角。它们甚至采用蚂蚁特有的快速、不稳定、不停歇的移动方式，而不是像其他跳蛛那样走走停停。这是一场奥斯卡级别的表演，也是这个物种成功的秘诀：在非洲、亚洲、澳大利亚和美洲的热带森林中，有超过 200 种蚁蛛茁壮成长。这种丰富的多样性使蚂蚁拟态成为最常见的拟态形式。然而，蚁蛛却鲜为人知。

新的研究表明，“蚂蚁模仿游戏”具有令人难以置信的复杂性。就像王蛇和蚜蝇一样，蚁蛛在某种程度上通过模仿蚂蚁而获得生存优势，因为蜘蛛的捕食者会避开蚂蚁和它们的同类。但是，事实证明，蜘蛛同样为这种优势付出了代价：为了表现出以假乱真的效果，它们必须将自己暴露在相当大的风险中。进化的力量促成了它们的伪装行为，却同时使这些模仿蚂蚁的蜘蛛生活在刀刃上，在躲避一种敌人和成为另一种敌人的猎物之间保持着微妙的平衡。研究者在揭示拟态的意外危险的同时，对这些非凡的蛛形纲动物的研究也从新的角度展示了拟态的现象。

伪装

1995 年的一天，在我当时的导师罗伯特·R. 杰克逊（Robert R.Jackson）的办公室里，我开始对模仿着迷，当时我们正在讨论我攻读硕士学位的研究课题。杰克逊是新西兰坎特伯雷大学的蜘蛛专家，通过对孔蛛的研究，他巩固了自己作为顶尖蜘蛛学家的声誉。孔蛛（*Portia*）是一种跳蛛，以其类似哺乳动物的聪明行为而闻名。因此，他建议我研究孔蛛的其中一个物种。后来，他提到热带地区发现的蚂蚁状跳蛛，我立刻被吸引住了。我们最终成了同事，共享一个实验室。在 20 年的时间里，我们走遍了非洲、澳大利亚和亚洲，研究这些非凡的生物。在旅途中，我们发现了许多不同寻常的模仿行为，这说明了伪装欺骗行为比传统观点所认为的要复杂得多。

传统标准观点起源于英国博物学家亨利·沃尔特·贝茨（Henry Walter Bates），他在 1861 年根据对亚马孙蝴蝶的观察，提出了第一个解释自然界拟态的科学理论。贝茨认为，模拟不好吃的或完全有毒的物种，可以欺骗捕食者，从而获得生存优势。在贝茨的构想中，捕食者会从经验中判断，吃这种讨厌的物种是一个坏主意。在一次不愉快的捕食经历之后，捕食者会避开有毒的物种，同时也会避开模仿者，尽管模仿者本身是无害的。这种“寄生”式的伪装，即一个物种利用另一个物种进行防御，现在被称为贝特氏拟态（Batesian mimicry）。

但事实证明，模仿并不仅限于贝茨所描述的那种简单、直接的方式，而且远非如此。首先，有些模仿者利用自己与其他动物的相似之处不是为了避免被吃掉，而是为了欺骗自己的猎物，也就是所谓的攻击性模仿者，它们通过发出虚假的信号欺骗猎物以获得一顿美食。动物还会出于其他各种原因进行模仿，但没有哪一组生物能比模仿蚂蚁的蚁蛛更能说明这种策略的复杂性，以及塑造它们的进化力量。

优势和劣势

在外行人看来，蚂蚁似乎不值得模仿。但在热带雨林中，蚂蚁的总生物量超过了所有脊椎动物的总和，它们是强大的环境塑造者，对其周围“居民”有着巨大的影响力。因此，它们是被模仿的主要对象。

蚂蚁会通过撕咬或刺伤入侵者来保护自己的巢穴，而且可以招募整个蚁群为自己服务，这通常会对入侵者造成致命的后果。因此，捕食者会明智地避免吃掉任何看起来像这类物种的猎物，蚁蛛便利用了这一可怕的名声。然而，要想诱骗捕食者避开它们，蜘蛛的确也必须冒一些风险。例如，它们需要住在蚂蚁附近，以避免在捕食者面前显得不像蚂蚁。近距离生活对蜘蛛来说很少见，但在蚂蚁中却很常见，这让蜘蛛直接处于危险之中，因为如果它们被发现是骗子，就很可能会成为蚂蚁的午餐。

与它们的敌人同居并不是这些模仿蚂蚁的蜘蛛付出的唯一代价。蚁蛛伪装得如此惟妙惟肖，以至于专门吃蚂蚁的捕食者，甚至包括其他种类的跳蛛在内，都将它们视为猎物。雄性争夺雌性的竞争也增加了它们被捕食的风险。雌性的生殖选择使得雄性蚁蛛演化出了更大的口器，这使它们的体长增加 50%。雌性更喜欢“大嘴”的确切原因尚不清楚，可能因为这是健康的标志。乍一看，有人会理所当然地认为这种扩大会损害蚁蛛蚂蚁一样的外表，从而降低它们生存的机会。事实是这确实会伤害它们，但并非一般的伤害。这一特征使它们看起来像嘴里叼着东西的蚂蚁。由于蚂蚁的口器非常危险，因此以蚂蚁为食的跳蛛倾向于优先瞄准那些用下颚叼着东西的蚂蚁，因为这些蚂蚁无法咬到它们。所以，尽管“大嘴”可以帮助雄性蜘蛛赢得雌性的芳心，但它也有一个不讨喜的效果，那就是增加了它们对捕食者的吸引力。

狡猾的模仿者能够积极地防御这些威胁，表现出惊人的灵活性。例如，当一只以蚂蚁为食的跳蛛开始跟踪它时，模仿者会向潜在的捕食者进行展示，将它的前腿从正常的触角姿势抬起，垂直于头部上方，一动不动地盯着另一只蜘蛛。这种展示似乎在传达一种信息，那就是它是一只蜘蛛，或者至少不是一只蚂蚁。不管是什么信息，它有效地阻止了捕食者。类似地，当一个讨厌的科学家或者其他潜在的捕食者出现，试图抓住一只粘在植物上的蚁蛛时，模仿者则会放弃它蚂蚁般的行为，离开植物，挂在一根丝线上，消失在视线之外，真是两全其美。

有一种特别的马基雅维利式的蚂蚁模仿者，黑脚蚁蛛（*Myrmarachne melanotarsa*），以另一种方式在两个世界中都占据优势，并且颠覆了寄生性和攻击性是由不同的选择压力产生的观点。对于其他普通跳蛛来说，这种蜘蛛与蚂蚁的相似之处是如此的可怕，以至于除了躲避捕食外，黑脚蚁蛛还利用蚂蚁般的外表捕捉猎物。它能把不幸的跳蛛妈妈赶出巢穴，然后穿透巢穴袭击卵或幼蛛。蚂蚁很难袭击蜘蛛的巢穴，因为它们的腿会被蜘蛛丝缠住，但蜘蛛有适应能力，它们能够与黏黏的蛛丝接触，黑脚蚁蛛充分利用了这一点。

后天学习还是天生本能

为了彻底梳理出导致拟态进化的原因以及形成其形态的力量，研究人员需要知道导致捕食者避开冒名顶替者的原因。在 19 世纪，贝茨认为捕食者必须以某种方式经历另一生物所模仿的生物带来的危险，然后才会意识到自己应该避开本尊和任何像本尊的生物。但在这一点上，蚁蛛再次蔑视了传统的理论智慧。普通的跳蛛既不吃蚂蚁也不吃蚁蛛，它们这样做是出于本能，而不是从糟糕的经历中学到的。换句话说，塑造进化的力量已经把这种回避烙进了捕食者的骨血中。

事后看来，这种逃避本能并不令人惊讶，毕竟，如果捕食者在遭遇蚂蚁时死去，就没有学习的空间了。在某些方面，可以很容易想象本能的回避机制是如何进化来的：碰巧不喜欢蚂蚁的捕食者更有可能生存和繁殖，它们的基因得以传递，最终，对蚂蚁本能的厌恶情绪主导了整个种群，而那些没有这种特质的很快就会被淘汰。

光荣的混乱

我和我的同事在蚁蛛的模仿系统中发现的复杂性可以作为一

个警世故事，工作的复杂原则几乎适用于所有其他的模仿案例，我们还有很多东西要学。科学家们倾向于把模仿看作是一种对来自单一捕食者的选择压力的适应，而这种适应来自单一的感官：视觉。因为人类非常依赖视觉，所以这种感觉往往是研究人员关注的焦点。但我们现在从蚁蛛中了解到，多个捕食者会共同塑造一个伪装物种。我自己的工作表明，普通的跳蛛和螳螂在这方面有影响，鸟类、蜥蜴和青蛙可能也是如此。对其他生物的研究表明，模仿还包括气味和声音等其他感官。例如，一种美味的虎蛾会模仿一种有毒虎蛾的声音信号，通过回声定位欺骗蝙蝠来躲避捕食。有些蝴蝶会模拟蚂蚁发出的化学信号，进入防御严密的巢穴，在那里产卵以确保安全。

令人兴奋的是，科学家们现在有了探测其他物种感官体验的技术。高频记录设备可以让研究人员观测到超出我们听力阈值的声音，包括虎蛾和蝙蝠发出的声音；质谱分析可以让科学家看到蚂蚁及其模拟物的碳氢化合物图谱，提供它们之间化学相互作用的图像。将这些技术应用于拟态和其他自然现象的研究，无疑将会揭示出更为惊人的伪装方法和折衷方案，而这些方案是在捕食者和被捕食者之间无休止的军备竞赛中进化而来的。

动物界的“建筑大师”

罗布 · 邓恩（Rob Dunn）
刘雨歆　译

我一直深深着迷于动物建造的栖身之所。这些年来，我仔细观察过数百个不同生物的巢穴——包括蚂蚁、白蚁、黄蜂、鸟类、鱼类和老鼠。我会在野外刺探它们的巢穴，在实验室中把弄，或者回顾其他科学家的研究。我曾经向下挖过几米深的竖井，试图到达蚁穴的底端。我曾经与蓝鳃太阳鱼（bluegill fish）一同潜水，观察它们挖掘并穿梭往来于圆盘形的巢穴。在我还是个小男孩的时候，我甚至曾试图游进海狸的小屋。

在研究动物巢穴的过程中，我发现巢穴的形态千奇百怪。有的是又长又直的通道，有的是充满分岔的迷宫，有的是杂乱无章的怪圈，有的是精巧细致的分形……但是我发现，动物建筑最令人惊讶之处，是它们可以进化。动物的巢穴似乎已经成为该物种、该个体的组成部分，就如同它们的肢体、眼睛颜色、表皮覆盖物和基因一样。而建筑巢穴的指令至少在一定程度上深深烙印于动物王国“建筑师”们的基因之中。

直到最近，生物学家才开始了解动物建筑的进化史。最新研究已开始定位与筑巢行为有关的基因，探究各式各样的动物巢穴背后的物理原则，甚至还试图解释为什么一些大脑很小的生物可以齐心合力建造一座巨大的“都市”。就如其他许多轶事趣闻一样，我们的故事也是从车库开始的……

筑巢的基因

我们先回到 2003 年，当时任职于美国加利福尼亚大学圣迭戈分校的年轻科学家霍佩·胡克斯特拉（Hopie Hoekstra）想找出小鼠基因和行为之间的关联。她此前已经发现，不同种类的小鼠会挖出不同形状的洞。当时，她的实验室里有个名叫杰西·N. 韦伯（Jesse N. Weber）的学生，很想知道自己跟胡克斯特拉能否找出与建造特定巢穴有关的基因。

韦伯的第一项任务是打造足够大的室内观察箱，再装上足够多的泥土，好引诱小鼠来打洞。他利用胶合板、钉子、运动场上的沙子和其他价格低廉且容易获取的材料，即兴制造了若干观察箱。但因为实验室腾不出地方来进行这个项目，所以他把箱子安置在了胡克斯特拉家的车库里。他的作品虽然外观丑陋，但是功能性很强。韦伯雄心勃勃，希望利用这个“小鼠之家”，找到小鼠中与筑巢有关的基因。

胡克斯特拉当时已开始研究白足鼠属（*Peromyscus*）的田鼠，所以韦伯决定在箱子里装上两种白足鼠——鹿鼠（拉布拉多白足鼠，*P. maniculatus*）和奥菲尔德鼠（白额白足鼠，*P. polionotus*）。鹿鼠分布于北美（除东南部偏远地区之外）的绝大部分地区，它们只会挖一条洞道，而且长度很短。奥菲尔德鼠则生活在东南部偏远地区，它们的洞道很长，而且它们还会挖出一条逃生通道，终端封闭，临近土壤表面。

对于研究小鼠的科学家来说，他们如果想知道某个特征是由什么基因控制的，通常会让拥有这种特征的小鼠和没有这种特征的小鼠相互交配，看它们生出来的后代拥有什么样的表型。如果新一代小鼠具备这种特征，那么这种特征就很可能是由单个显性基因编码的——也就是占据优势的等位基因。当基因和特征之间的关系相对简单时，这一研究方法尤为适用——比如格雷戈尔·孟德尔（Gregor Mendel）当年就曾采用同样的方法来研究豌豆。虽然打洞的行为，怎么看都不像是由单一基因编码的简单特征，但韦伯仍然打算放手一搏。不过，鹿鼠和奥菲尔德鼠在野外不会自然交配。但正像人们常说的那样，“在车库里发生的事只能留在车库”。在韦伯的努力之下，两种小鼠终于成功交配，产下了“摩拳擦掌”准备挖洞的小鼠。

最有可能出现的情况是，混血小鼠挖出的地洞掺杂了父母双方的特征，充分表现出基因的复杂性。但是，第一代混血小鼠全都挖了长洞道和逃生出口。因此从理论上说，长洞道和逃生出口很可能是两个简单的显性特征，最少由两个基因控制：一个与洞道长度有关，一个与逃生出口有关。小鼠只需要从父母那里继承来一两个显性基因，就能挖出长洞道；类似的道理也同样适用于逃生出口。只有当两个隐性基因碰到一起时，小鼠才会挖掘短洞道，或者不挖逃生出口。但是，韦伯和胡克斯特拉觉得事情不太可能这么简单。

不过，当他们让第一代混血小鼠和奥菲尔德鼠杂交（回交[⊖]）之后，研究人员惊讶地观察到通常只有简单显性特征才会产生的结果——至少对于逃生通道来说正是如此：在回交子代中，大约有一半挖了逃生通道，另一半则没有。不过与逃生通道截然不同的是，洞道长度各不相同。也就是说，控制洞道长度的基因要比控制逃生通道的基因更为复杂。在后续研究中，韦伯和胡克斯特拉最终在小鼠基因组上成功锁定了与上述行为特征有关的区域。他们发现，决定小鼠是否会挖掘逃生通道的只有单个染色体上的 1 组或 1 个基因，而洞道长度似乎同时受到 3 个基因区域的控制。韦伯在回交实验中

⊖ 回交，是子一代和两个亲本的任意一个进行杂交的一种方法。在遗传学研究中，常利用回交的方法来加强杂种个体的性状表现，它是检验子一代的基因型的重要方法。——编者注

观察到的复杂的洞道变化，也因此得到了合理的解释。

韦伯和胡克斯特拉的研究显示，就算是小鼠这类十分聪明的动物，与建筑巢穴有关的复杂行为也可能是进化的产物，被编码在了基因之中。这项发现让韦伯和胡克斯特拉有了一条线索——仿佛一根从巨大的毛线球上松下来的线。但要想解开这个毛线球，韦伯、胡克斯特拉和其他科学家，还需要对另外数万种会建筑巢穴的动物进行类似的实验。斯坦福大学的罗素·菲纳德（Russell Fernald）的实验室已经开始研究慈鲷科鱼类筑巢行为背后的基因机制——有几种慈鲷科鱼会把巢穴建筑在带草皮的洼地，另外几种则会把巢穴建筑在泥地。这类研究还会越来越多。

某些动物的筑巢基因无疑比田鼠更加复杂。有些物种通过模仿父母或同伴的行为来学习建筑或装饰巢穴，例如金丝雀或园丁鸟。还有许多动物很难在实验环境中按照研究人员期望的那样交配，比如为数众多的社会性昆虫。不过在动物建筑方面，筑巢行为背后的基因基础还不是唯一的，甚至都不算最深奥的谜题。另一个难题是，为什么不同物种的巢穴会呈现出如此大的差异？我们又该如何解释动物建筑那独具特色，而且通常十分奇异的形态？

发现挖洞基因

鹿鼠的洞道很短，而且只有一个入口；但奥菲尔德鼠会打出一条很长的洞道，而且还会挖一个逃生出口。如果研究人员让这两种小鼠交配，那么其全部后代都会挖出跟奥菲尔德鼠一样的洞。但如果让混血小鼠再跟鹿鼠交配，那么新一代小鼠就会挖出好几种不同形态的洞：虽然有大约一半小鼠都会挖掘逃生出口，但是洞道长度的差异性极大。上述结果显示，洞道长度和是否挖掘逃生出口都是由基因决定的——就像眼睛的颜色一样。但是决定洞道长度的基因，要远比控制逃生出口的基因更为复杂。

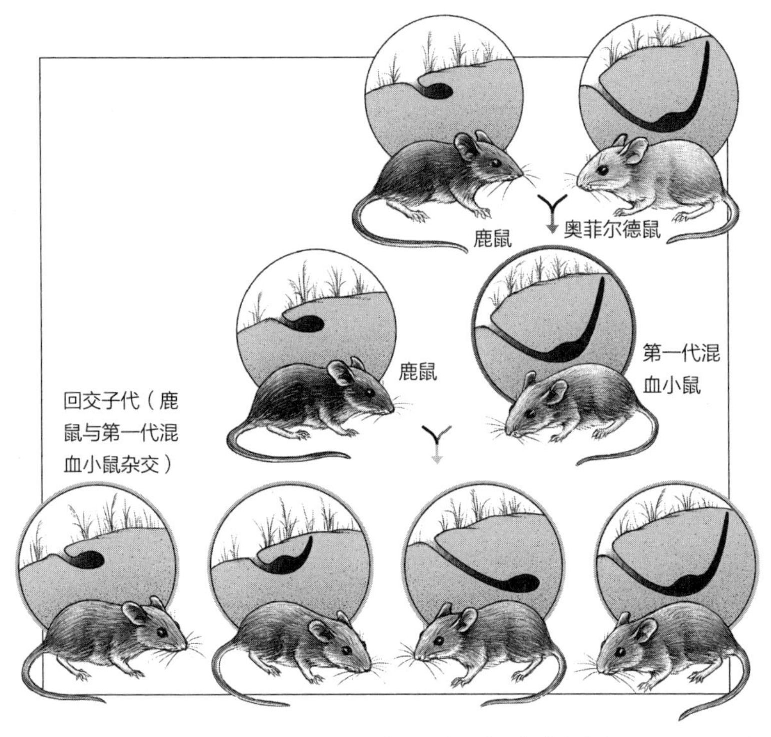

插图：詹·克里斯蒂安森（Jen Christiansen）

白蚁的杰作

白足鼠和大多数哺乳动物的巢穴其实都相当简单，不会因为地域和物种不同，而发生什么重大变化——只不过有的增加了一条洞道，有的挖出了一条更大的地道。甚至就连鸟类的巢穴结构也不会发生太大变化——即使确有不同，也更像是个例，而非普遍规律。大多数鸟类的巢穴都呈杯状、碗状或袋状，在形状和构成上仅有细微不同，没有本质差别。动物界真正的“建筑大师”其实是社会性昆虫。各式各样的蜜蜂窝、黄蜂巢、蚂蚁洞和白蚁冢：这些昆虫在筑巢行为上的差异，甚至比它们身体上的差异还要大。比如白蚁“工匠”们看上去长得差不多——都长着圆脑袋、大颚和松弛的腹部；但是白蚁巢的形状却千差万别，有的呈现“罗夏状”（Rorschach forms），有的像一座 8 米高的摩天大楼，有的像圆顶建筑或金字塔，甚至还有的像一个个悬挂在树上的易碎的圆球。

我们很容易将这种多样性，视为随机产生的变数——缺乏智慧的生物进行毫无逻辑的创造，最后产生的集体性结果。不过，科学家研究了许多种不同的白蚁，发现每种白蚁的巢穴总有一些固定不变的特征。甚至就连那些似乎毫无用处的结构——比如空室——也具有物种统一性。白蚁一而再、再而三地在自己的巢穴中建筑这种“多余”的奇怪结构，不过，近年来科学家已开始了解它们的用途。

这个建筑之谜，在非洲大白蚁（*Macrotermes bellicosus*）的巢穴中表现得最为淋漓尽致。这类白蚁会在巢穴内种植、食用蚁巢伞菌（*Termitomyces* fungi，俗称鸡枞菌）。在“菌圃”周围，会有一些尖顶的“塔”，“塔”周围分布着许多小室，供工蚁甚至蚁后居住；而在这些小室的外围，还有一圈未被使用的小室，这些小室的表面十分坚固，并有很多空洞，以便让空气进出，同时阻止天敌入侵。

德国雷根斯堡大学的科学家朱迪思·科布（Judith Korb）对非洲大白蚁巢穴的这些特征特别感兴趣。在温度感应器的帮助下，他与合作者一起进行了大量研究，结果发现，这种不同寻常的建筑结构，就如同一个巨大的“泥肺”。白天，炎热的空气和白蚁呼出的二氧化碳一起上升到蚁巢的中心区域。那里是巢穴最薄的地方，热空气和二氧化碳就可以从巢穴上方扩散出去。如果气体不能顺利扩散，那么白蚁就会在自己呼出的废气中窒息而死。当夜晚降临之后，富含氧气的空气会通过位于外围的空室回到巢穴底部，把充满二氧化碳的空气排出巢外。这个巨大的“泥肺”，非常适应非洲大白蚁栖息地的气候环境。蚁冢里的空室绝非意外产物，也非毫无用处——它让整个蚁群可以顺畅呼吸。

白蚁的巢穴不仅可以控制小气候，还能保护它们免遭天敌伤害。白蚁会把巢穴建得尽可能坚固厚实，因为它们不得不面临大量威胁——土豚、食蚁兽、犰狳、针鼹和其他许多专以白蚁为食的生物。还有一种刚得到确认的“骨室黄蜂”（bone-house wasp），会利用可怕刺鼻的蚂蚁尸堆来封锁巢穴，从而保护自己的幼虫。当然还有些动物选择挖掘逃生通道，比如生活在美国东南部的奥菲尔德鼠——因为那里也生活着数量丰富、种类繁多的蛇，所以奥菲尔德鼠挖掘逃生出口的行为，更像是一种面对天敌的适应性反应。科学家最近还发现，一些热带蚂蚁会在巢穴入口处放置一颗卵石。当军蚁靠近的时候，它们会用卵石来堵住巢穴入口。还有些蚂蚁会派出头部足够宽阔的兵蚁塞住洞口，以此来抵御军蚁。有些鸟类会通过伪装来隐藏巢穴、保护家园，比如沙色走鸻（*Cursorius cursor*）——它们的巢看起来就像是散落在沙漠中的卵石。

不过，自然界的建筑者们面临的最大难题，可能刚刚才为科学家所知——如何除去细菌和真菌这些目所难及的致命微生物？在过去几年里，研究人员发现某些白蚁会用自己的粪便筑巢，而且常会在其中混入其他材料。比如有些白蚁会在粪便中植入大量放线菌（*Actinobacteria*）。放线菌能产生抗真菌化合物，帮助它们抵御致命的真菌。切叶蚁也会在自己的身体上，培养类似的防御性细菌。

模仿“建筑大师”

即使我们知道某种巢穴最适应什么样的环境、会面临什么样的威胁，即使我们知道这种巢穴与哪些基因有关，我们还需要搞明白一件事——这些基因究竟是如何引导动物筑巢的？以社会性昆虫为例：集体性的筑巢行为看上去就像是所有成员都服从于统治者的指挥——似乎在某位身材肥满的蚁后手中，掌握着整个建筑的蓝图。但事实上，社会性昆虫并没有总体性的建筑规划，只有众多个体依据简单规则做出的无意识行为，但这些行为组合起来，就建造出巨大的白蚁冢、海绵状的蚂蚁巢，还有结构复杂的蜂窝。

过去十多年来，科学家开发出了越来越复杂、精妙的数学模型，用以模拟简单规则如何帮助白蚁筑出复杂绝伦的巢穴。数学模型假设，白蚁的“墙砖”里含有信息素，会吸引更多白蚁参与筑巢，而信息素最后也会消失无踪：一只工蚁放下了第一块基石，然后另一只工蚁受到信息素的吸引，也做了同样的事情……以此类推，直至两道弯曲的外墙并拢在一起，形成屋顶。建筑外墙和屋顶的行为很容易通过计算机模拟出来。但昆虫又是如何巧置内墙、隔出通道和房间的呢？

虽然科学家仍在积极探索，但这一问题的核心所在，似乎仍然是简单规则。比如蚁后居住的椭圆形的“皇宫”，它似乎会释放出某种信息素，以免工蚁在离自己较近的地方筑墙。所以工蚁会在稍远一点的地方筑起一圈围墙，墙体与蚁后的距离始终保持一致。科学家并不会天真地以为，自己已经搞明白了白蚁和黄蜂究竟是如何建设家园的。但是，他们相信自己已经找到了最基本的建筑规则，要建造复杂如巢穴的结构，这些规则必不可少。其实昆虫遵循的建筑规则非常少，而且全部编码在它们的基因和微小的大脑里。

啮齿类动物和社会性昆虫都拥有形形色色的巢穴，它们的筑巢行为都编码在基因之中，而且它们的巢穴往往是群体合作的产物。相较之下，野生灵长类动物的巢穴就简陋多了。黑猩猩和大猩猩会摘取树叶铺床，我有位同事曾经在这种床上睡过觉，他认为这床尚算“舒适”——但仅仅是相对于没床而言。在建筑方面，我们的祖先可能和其他灵长类动物没有太大分别，直到某个时期，他们忽然开始认真建设自己的家园。人类的祖先用语言来协调工作，用手边能找到的东西——木桩、泥土、草和树叶——来建筑房屋。我们精心设计自己的庇护之所，但这些设计并没有编码在我们的基因中。纵观世界各地原住民的房屋，你会发现建筑形式在很大程度上服从于功能性和必要性。在寒冷地带，人们一般会把墙建得很厚；而在温暖地区，人们往往不筑墙。你还会发现某些传统房屋，刻意模仿白蚁巢和蚂蚁洞道，还有些房屋模仿黄蜂的巢穴，盖上草垫以应对严寒。

究竟该如何建造房屋？我们思考得越多，房屋扮演的角色就越多——它们已经成为社会地位的象征和艺术品，甚至已经成了文化的标志。现在，美国亚利桑那州某些新城区的房屋，看上去就和纽约的没什么两样。因为我们普遍都受到了社会的影响，希望能过上同样的“优质生活”——不管我们住在何处，也不管我们周围的气候条件、天敌、病原体或其他一切条件如何，我们都会建造同样的房屋和同样的围栏。我们已经切断了建筑和环境要求之间的联系。

不过最近也有人提出了一种别具一格的建筑方法——我们不用再单独设计每个房间、每道承重墙、每扇门和每个花园。我们现在已经知道，某些动物的建筑设计来源于基因，而在基因之中编码了简单的建筑规则。如果白蚁可以用简单的规则来建筑一个“庞大的帝国”，也许我们也可以做同样的事。

一些建筑师现在正朝着这个方向积极努力。但要把社会性昆虫使用的简单规则，放大到人类可以栖身的城市，我们还需要非常强大的计算能力才行，不过这也正逐渐成为现实。但我们究竟应该模仿哪种动物的简单规则？这是建筑师需要面临的终极挑战：在什么情况下应该像白蚁一样筑巢，在什么情况下应该学习蚂蚁或蜜蜂？现在我们比以往任何时候都更接近答案。不过当我们亲眼看到，这地球上最古老的建筑技术——社会性昆虫用泥土和唾液建筑的“雄伟帝国”，一点一点从地面升起，我们仍会由衷感到，这一切是多么神秘！

鲸的遗产：独特生态系统

克里斯平·T.S. 利特尔（Crispin T. S. Little）
焦念志 译

1987 年的一次常规勘测中，在美国南加利福尼亚州海岸外，海洋学家正在阿尔文号潜水艇[㊀]里绘制圣塔卡特莱那盆地（Santa Catalina Basin）典型寡营养区的海底地图。在最后一次潜水中，扫描声呐勘测到海底一个巨型目标。阿尔文号的前灯穿透 1240 米深处海底的黑暗，探测到一具部分掩埋在沉积物下长达 20 米的鲸骨骼。队长克雷格·史密斯（Craig Smith）和他的勘测队研究了潜水录像，认为这很可能是一头蓝鲸或长须鲸的残骸。这

㊀ 阿尔文号于 1964 年建成，是世界上首艘可以载人的深海潜艇。它隶属于美国伍兹霍尔海洋研究所，可搭载 3 人，下潜到海平面以下 4500 米处，服役以来已执行过 4000 多次洋底探测任务。——编者注

头鲸看上去已死去多年，但骸骨周围生机盎然，生活着多种生物——扭动的蠕虫、直径 1 厘米大小的蛤蚌、小海螺、帽贝、白色微生物垫等。在大洋底部的“不毛之地”中，这头鲸的骸骨造出了一块生机勃勃的绿洲。

一年多后，美国夏威夷大学马诺亚分校的海洋学家史密斯回到这具骨骼的所在地，进行彻底研究。在那儿，他的研究组发现了多种不为人知的物种，还找到了一些过去只在深海热液喷口等特殊环境中才发现过的物种。

此后，研究人员相继发现了几十个由沉没鲸尸供养的生物群落，400 多个物种生活在这些鲸尸体内或周围，其中至少有 30 个物种在别处不曾见过。这项研究向我们揭示了这些神奇的鲸尸沉降区生物群落的运行及进化概况。

早在 1854 年，就有动物学家描述，从南非好望角漂浮的鲸脂中提取到了一种直径 1 厘米大小的贻贝（mussel）新物种，这是死去的鲸可以供养特殊动物群落的最早证据。始于 20 世纪的工业深海拖网捕鱼作业让研究人员意识到，这些生物群落对鲸尸体的依赖不足为奇。从 20 世纪 60 年代起，在苏格兰、爱尔兰、冰岛、特别是查塔姆海底隆升（Chatham Rise）至东新西兰附近的拖网作业中打捞上来的、附着在鲸头骨及其他骨头上的软体动物新物种的样本日渐增多。在 1964 年从南非海岸拖网捞到的一块骨头样本表面，覆盖着 1854 年在该海区首次发现的那种小贻贝。

贻贝并非在鲸骨上发现的唯一新物种：1985年曾有人描述过一种极小的、此前不为人知的帽贝（limpet）——长着圆锥状而非螺旋状贝壳、类似于蜗牛的软体动物。这种帽贝因与骨头的关联而被命名为骨帽贝（*Osteopelta*）。

直到1987年，史密斯的偶然发现才揭开了沉没死鲸生态奇观的面纱。史密斯的研究小组发现的软体动物种类特别有趣，这些蛤蚌、贻贝属于一类已知的拥有化能合成细菌（chemosynthetic bacteria）的群体。这类细菌可以从无机化学材料中汲取能量，有时还是构建整个生态系统的基础。（在生物“发明”光合作用并把氧气带进生物圈前，最早的生物是化能合成生物，尽管它们的新陈代谢和现代化能合成生物不同。）我们知道的大部分软体动物都只出现在其他有化能合成基础的地方：贻贝生活在腐木和热液喷口；巨蛤（*vesicomyid*）生活在热液口和液体中富含甲烷及其他碳氢化合物的冷泉（cold seep）；满月蛤（*lucinid*）生活在冷泉和厌氧沉积物（海底缺氧的沉积物）中；还有一种海螺生活在厌氧沉积物中。

这些相似点让史密斯及其同事在1989年指出，鲸骨架可能充当着深海生物在不同化能合成群落间传播的“跳板”。这些生物能否在不同生物群落之间进行代际延续，这些物种能否在一个更长的时间尺度上延续下去，至今依然是一个谜。

生态系统的形成

为了弄清鲸尸沉降区生物群落的运作和持续时间，史密斯及同事在 1992 年启动了一个棘手、也许可以说有点臭味的项目。他们先将被冲到加利福尼亚海岸的鲸尸拖出来，而后将它沉入深海。为了抵抗腐质分解气体产生的浮力，他们还在鲸尸体上绑了 2700 多千克的钢锭（大多数鲸死的时候浮力为负，因而它们会下沉而不是搁浅）。接着，他们定期使用阿尔文号或遥控潜艇（ROV）观测沉降的鲸尸体。在 6 年里，研究者沉没了 3 头灰鲸，对它们的定期观测一直持续到 2000 年。他们还回访了发现于 1987 年和 1995 年的两具鲸骨。

他们观测到，沉到海底的鲸尸经历了 3 个部分重叠的生态阶段。第一阶段是“移动的清道夫阶段”（mobile scavenger stage），在鲸尸体沉至海底时开始。成群的盲鳗在鲸尸中啃食出“通道”，一些铠鲨（sleeper shark）则吃掉大块的肉。这些食腐动物以每天消耗 40~60 千克（相当于一个人的体重）的速度，清除了鲸大部分的软组织——鲸脂、肌肉及内脏。即便如此，根据鲸尸的大小，这顿盛宴至少可持续两年。

第二阶段也可以持续两年，被称为“投机者富集阶段”（enrichment opportunist stage）。在此期间，种类不多但高密度的生物群体开始开垦鲸尸体及新暴露的骨头周围的沉积物。这些生物直接以大量的鲸脂及食腐动物残留下的营养软组织为食。在这一阶段最为活跃的生物，主要是多毛纲环节动物（刚毛虫）和甲壳类生物。

当软组织被啃食光，鲸尸进入了最漫长的第三个阶段，即"亲硫阶段"（sulfophilic stage）。特定的厌氧细菌分解鲸骨里的油脂。这些厌氧细菌与好氧细菌不同，后者利用溶解于海水的氧分子来消化养分，前者则利用溶解的硫酸盐作为氧来源，并释放硫化氢作为代谢废物。动物不能直接将该气体作为能量来源，事实上，这些气体对它们来说通常是有毒的。但某些化能合成细菌能够利用这些气体。它们吸收海水中的氧气来氧化硫化物，制造生长所需的能量。动物要么利用共生细菌（如贻贝、巨蛤和满月蛤），要么通过捕食微生物（如帽贝和螺）来生存。鲸骨的油脂含量特别高（具体原因还不清楚），一头 40 吨的鲸的残骸可能含有 2000 千克~3000 千克油脂，这些油脂的分解过程也十分缓慢。因此，一头大鲸的"亲硫阶段"可延续 50 年，甚至上百年之久。

每年约有 6.9 万头大体型的鲸死亡，根据这一数据，史密斯及其同事推测，在任意时刻，全世界海域内都有 9 种最大型鲸的大约 69 万块骨骼正在腐烂。（当然，过去两个世纪里的工业捕鲸已经导致鲸数量骤减，因此工业捕鲸之前的鲸尸沉降区应该会多得多，数量可能是现在的 6 倍。）鲸尸骨之间的平均间距大约为 12 千米；而灰鲸迁移路线上，平均间距可能只有 5 千米。这么短

持续供给的礼物

沉入海底的一头死鲸将为这片黑暗荒芜之地带来意外的丰富食物。鲸尸上的生物群落将经历三个生态阶段。每个阶段的特点在于不同的物种和食物网——尽管在许多地方，这些阶段可以相互交叠。

移动的清道夫阶段：
在其他食腐动物，包括铠鲨和一些螃蟹的帮助下，盲鳗——居住在多泥海底的原始脊椎动物——吃掉了大部分鲸脂和肌肉组织。
持续时间：2 年

投机者富集阶段：
动物以剩余的鲸肉、鲸脂以及周围被鲸脂浸透的沉积物为食。第二批食腐动物包括螺类、刚毛虫和涟虫（hooded shrimp）。同时，食骨虫开始将它们的肉根伸入鲸骨，以骨内的脂质为食。
持续时间：2 年

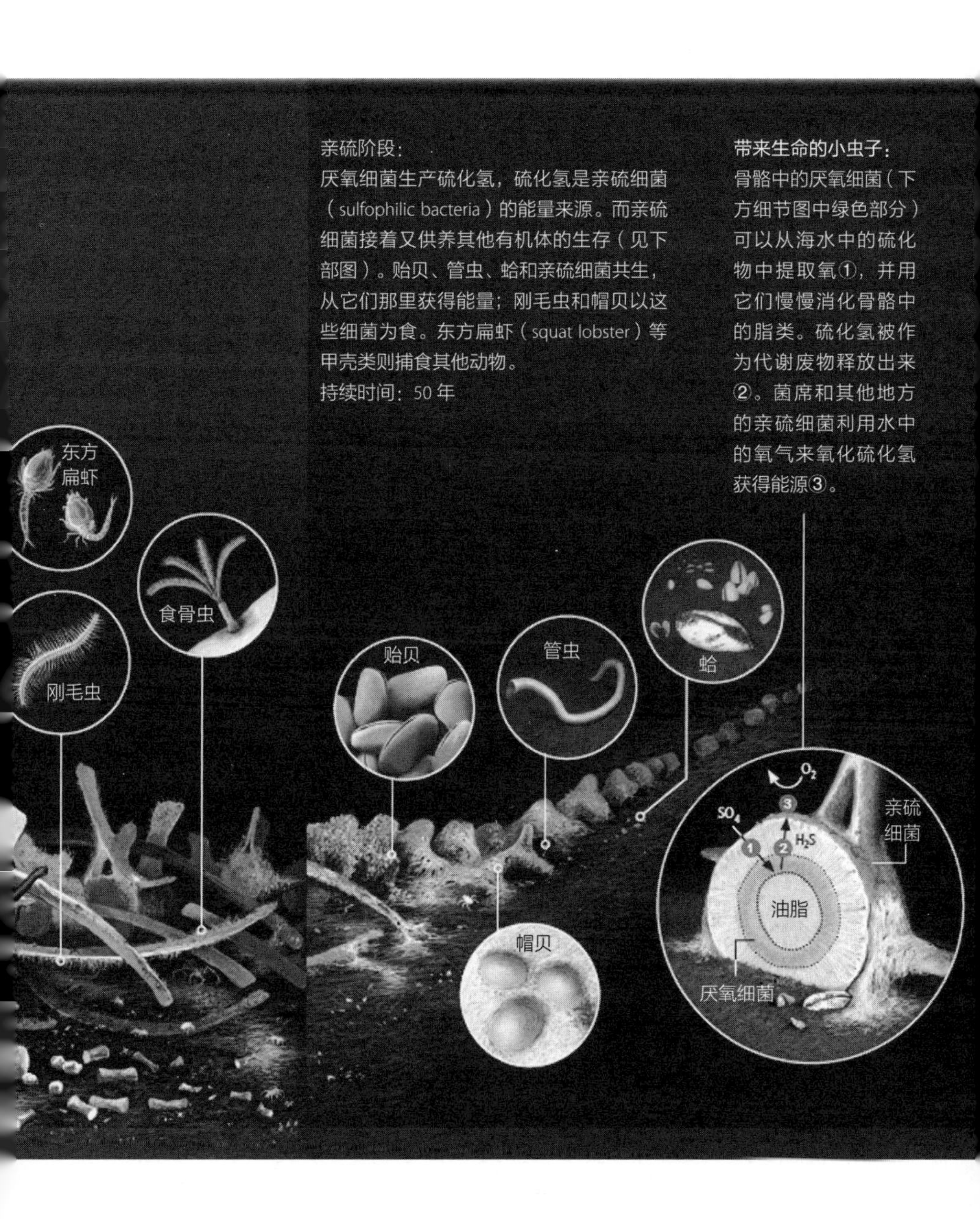

亲硫阶段：

厌氧细菌生产硫化氢，硫化氢是亲硫细菌（sulfophilic bacteria）的能量来源。而亲硫细菌接着又供养其他有机体的生存（见下部图）。贻贝、管虫、蛤和亲硫细菌共生，从它们那里获得能量；刚毛虫和帽贝以这些细菌为食。东方扁虾（squat lobster）等甲壳类则捕食其他动物。

持续时间：50 年

带来生命的小虫子：

骨骼中的厌氧细菌（下方细节图中绿色部分）可以从海水中的硫化物中提取氧①，并用它们慢慢消化骨骼中的脂类。硫化氢被作为代谢废物释放出来②。菌席和其他地方的亲硫细菌利用水中的氧气来氧化硫化氢获得能源③。

的间距足以让幼虫从一个地点迁移到另一个地点。这也被研究组认为是对他们的“跳板模型”的进一步支持，这一模型解释了化能合成有机物在鲸沉降区、深海热液喷口和冷泉间的迁移。

无光生物的生命之源

自史密斯及其同事开创鲸残骸沉降实验后，该实验方法被广泛运用。来自瑞典、日本和美国加利福尼亚州蒙特雷的三个研究组也进行了类似实验。其他一些鲸尸骨也在不同的深海区，如日本南部的鸟岛（Torishima）海山和美国的蒙特雷湾，被意外发现。最新研究证实，全球海域内依附于鲸尸沉降区的生物群落大致相同。但在圣塔卡特莱那鲸骨上发生的事，在其他地方却未曾见到过。

产生差异的原因之一可能是，史密斯研究组的实验选址是在一个相对缺氧的海区，从而导致分解率降低。另一个原因可能是“食骨虫”（*Osedax*）活动所致。这些不到 1 厘米长的小生物于 2004 年在蒙特雷湾鲸身上首度被发现，而后也出现在瑞典和日本的实验区。此后，研究员在南加利福尼亚鲸尸上也发现了“食骨虫”，只是数量要少一些。

食骨虫会伸出一些很小的附属物用来交换水中的气体，当遇到危险或刺激时则将附属物缩进黏膜管，此时的食骨虫看起来就像附着于骨头上的一滴黏液。就像某些肠内寄生虫一样，成年食骨虫没有消化道——没有嘴、胃和肛门。奇特的是，它用绿色的肉质“根”扎进暴露的鲸骨，可能是为寄生在其根里的共生细菌获取鲸脂或蛋白质（或同时获取二者）。食骨虫的繁殖方式也很特别：成虫都是雌性，但是体内携带了多只雄性幼虫，这些雄虫永远处于幼虫期，它们的唯一任务似乎就是生产精子。

食骨虫和生活在热液口和冷泉群落的大型管虫（tube worm）亲缘关系很近。遗传学证据表明，食骨虫大约起源于 4000 万年前，与巨蛤和鲸起源于同一时期。

食骨虫的“地道作业”迅速破坏了暴露在外的鲸骨，很可能加速了后者的亲硫阶段。这个发现可能意味着，许多鲸尸沉降区在海底活跃的时间没有以前想象得那么长。持续时间的缩短对跳板假说提出了挑战，活跃的鲸尸沉降区的减少使得生物（或它们的幼虫）更难到达不同的化能合成区。

争论焦点

虽然热液口和冷泉口在地球早期就已出现，热液口可能还是地球生命起源之地，但鲸尸沉降群落却是最近才出现的“新生”事物。很自然，一个随之而来的问题就是：依赖于鲸尸体的生态系统是什么时候怎样进化出来的？这个问题的解答，也有助于阐明鲸尸沉降群落和其他深海群落的联系。很显然，我们应该从化石记录中寻找线索。

尽管过去150年里发现了许多鲸化石，但直到1992年，在美国华盛顿州的渐新世（距今3400万~2300万年前）岩石里，第一个古鲸尸沉降区生物群落才被世人发现。对这种奇特生物群落的极大兴趣，已经推动科学家发现了更多的案例。在美国加利福尼亚州和日本的三个海区，就发现了几具第三纪中新世（2300万~500万年前）的鲸化石，我和日本上越教育大学的同事天野和孝（Kazutaka Amano）正在研究其中两具。人们发现，这些古老的鲸尸沉降群落里都有属于化能合成群落的软体动物化石，或者以化能合成群落里的微生物垫为食的软体动物化石。正如人们预期的那样，鲸残骸群落化石记录里并不包含蠕虫这样的软体动物的残迹，因为这些软体生物极易腐烂。所以目前依然无法判断，食骨虫这样的蠕虫是否在那里生存过。

2006年，当时任教于英国利兹大学的斯特芬·基尔（Steffen Kiel）和美国西雅图伯克自然历史文化博物馆的吉姆·格德特（Jim Goedert）指出，出现在始新世晚期和渐新世的最早的鲸尸沉降区群落，由那些能生活在非化能合成生境中的蛤蚌主导；现代鲸尸沉降区亲硫阶段特有的化能合成软体动物在第三纪中新世的化石中才被发现。这些研究人员据此认为，早期的鲸个体比较小，因而不能容纳这种硫化生态群落。然而最近，人们在加利福尼亚某岛上的悬崖上发现了一具较小的中新世鲸骨架，与巨蛤有联系。这个发现暗示，鲸尸体上有没有化能合成软体动物跟鲸的大小关系不大。真正有关的是过去2000万年来鲸骨骼中鲸脂的含量提高了，这也许是因为脂含量的提高能提高鲸迁移到开阔海洋环境后的生存力。

化石显示的亲缘关系

许多鲸化石都有迹象显示，与现代鲸尸沉降区类似的生物群落一直都存在，其中包括许多依赖共生的硫化物氧化细菌生存的无脊椎动物。日本北海道岛屿岩石上发现的一具中新世中期（距今约1200万年）化石样本被几个软体动物的壳包围，包括*Provanna*属的海螺、一种蛤［直径4厘米的千谷褐海螂蛤（*Adulomya chitanii*）］以及一种贻贝［直径2厘米的壳菜蛤（*Adipicola*）］。这些化石可以帮助研究者了解鲸尸沉降区生物群落的起源。

事实上，自从发现鲸尸沉降区群落开始，研究者就在怀疑，类似的群落或许在第一头鲸出现之前就已经出现了，它们存在于古海洋爬行动物尸体沉降的区域，这些爬行动物包括蛇颈龙、鱼龙和沧龙，它们是中生代海洋的主要捕食者。（中生代是距今2.51亿年~6500万年的地质时代，包括三叠纪、侏罗纪和白垩纪，全都是恐龙统治陆地的时期。）1994年，对新西兰始新世

（Eocene）沉积物里的龟骨中独特的骨帽贝化石样品的描述，使这个想法得到了广泛的认可。虽然始新世比中生代距离现在更近一些，但这个发现表明，鲸尸沉降区的帽贝也可以在爬行动物骨架中生存，因而它们或许也曾在已经灭绝的中生代海生爬行动物骨架中生存过。

2008 年，日本和波兰的一个研究小组在日本发现了两具蛇颈龙的骨架，该处距离晚白垩纪期岩层中一种深海海螺（provannid snail）被发现的地点仅有 10 米远。由于这种深海海螺只出现在化能合成场所，所以科学家推测沉没的蛇颈龙可以维持一个与亲硫的现代鲸尸沉降区相当的生物群落。但是，这些爬行动物已在 6500 万年前同恐龙一块灭绝了，比鲸进化成形早了 2000 多万年，这表明专门依赖沉到海底的大型脊椎动物尸体为生的生物群落，可能是不断重复进化出来的。

日本与波兰联合研究组的研究成果表明，蛇颈龙骨骼内部结构与现代鲸骨骼非常相似，骨髓中存在大量缝隙，可以在活着时保存大量油脂。但这些骨骼是否真的富含油脂实际上很难确定。另一方面，似乎有不少生物种群不但存在于依赖鲸遗体的生物群落中，还生活在冷泉口、腐木，甚至热液口生物群落中，因此当鲸进化出现时，它们也能迅速利用这一新的化能合成生境。

目前有关鲸尸沉降区群落的化石记录相当有限，几乎所有相关数据都出自日本和美国西海岸。有关食骨虫的化石证据可能对研究有机体塑造新型生物群落的独特能力特别有用。虽然因为没有骨骼很难找到该蠕虫存在的直接证据，但鲸化石中很可能保存了食骨虫留下的蚀洞，许多研究组正在积极寻找这些蚀洞。

对现代鲸尸沉降区生物群落全球分布状况的记录也相当有限。截至目前，只发现了少数鲸尸体，对南极洲和南冰洋[一] 之类生活着大量鲸的海区却一无所知。需要更多的包括活体和化石的发现才能揭开如下疑问：鲸尸沉降区的生态和进化历史是否真的和远古爬行动物沉降区有关联，而这两种生态系统又与其他的深海化能合成群落有着怎样的联系。

[一] 南冰洋：Southern Ocean，围绕南极洲的海洋，因有不同于太平洋、大西洋和印度洋的重要洋流，国际水文地理组织于 2000 年确定其为一个独立大洋。——编者注

蜜蜂能够认出你

伊丽莎白 · A. 蒂贝茨（Elizabeth A. Tibbetts）
阿德里安 · G. 戴尔（Adrian G. Dyer）
边绍康　雷志林　**译**　　顾　勇　**审校**

院子里嗡嗡作响的胡蜂（paper wasp）和蜜蜂，看起来不过是“头脑简单”的生物。它们修巢筑穴，采花食蜜，养活后代，最后死亡。一年或更短的时间之后，它们的生命就会终结。然而，这些低等动物至少在一种认知技能上，可与人类及其他灵长类动物相媲美——它们能认出同伴的脸。具体来讲，一只胡蜂能感知并记忆另一只胡蜂的面部特征，当它们再次碰面时，能通过回忆认出对方。这就像人类通过熟悉和记住亲人、朋友、同事的面孔，建立起稳定的人际关系一样。另外，某些生来并不具有面孔识别能力的野生昆虫，经过训练后，也能记住同伴的脸，有时甚至还能分辨出人类的面孔。

一个颇为流行的理论认为，人类之所以进化出了容量异常庞大的大脑，是因为在复杂的人类社会中，人们必须要熟悉并记住很多人。但一些研究表明，脑容量不足人类万分之一的生物，居然也能识别不同的个体。

这一发现让科学家不得不思考，这些小小的昆虫是如何进化出这种惊天技能的，昆虫的哪些脑区负责控制脸部识别。后一个问题尤其关键，如果能搞清楚，将有助于软件设计师设计出更好的自动人脸识别系统。

意外发现

许多科学发现都源于偶然，科学家发现胡蜂能区分不同个体也是如此——这个发现来自一个有些侥幸的事件。那是 2001 年，当时我们研究团队的蒂贝茨还只是一名年轻的研究生，正专注于研究纸巢胡蜂（*Polistes fuscatus*，胡蜂的一种）的社会生活。为了进行这项研究，蒂贝茨需要给纸巢胡蜂的背部涂上彩色斑点，以区分不同个体，然后追踪聚居区内昆虫个体的交流活动，并拍摄记录下来。有一天，蒂贝茨偶然发现，录像里有两只未曾做过标记的胡蜂。除非她分辨得出这两只胡蜂谁是谁，否则这部分数据就没用。观看视频记录时，她突然发现，通过观察胡蜂面部与生俱来的黄色、棕色和褐色的条带斑点，可以区分这些未做标记的胡蜂。随后，蒂贝茨脑子里灵光一现，她不禁想——胡蜂自己也能做到这一点吗?

蒂贝茨迫不及待地开始了实验。她花几天时间，记录了胡蜂面部各种各样的图案，然后开始测试，看胡蜂能否利用这些图案去识别同伴。通过使用一种相当“高科技”的手段——用牙签涂画，她改变了一些胡蜂的面部特征，然后观察胡蜂群对它们的反应。攻击性在胡蜂群中是罕见的，因此胡蜂如果改变容貌后，遭到同伴攻击增多，就可以证明，胡蜂是通过面部特征来识别个体的。作为对照，她在另一些胡蜂身上也使用了涂料，但没有改变其面部特征——以验证胡蜂到底是对面部特征的改变起反应，还是仅仅对涂料有反应。

蒂贝茨发现，与对照组相比，胡蜂群对面部特征发生改变的胡蜂，有更强的攻击性；与对照组中的胡蜂则依旧照常相处。实验结果表明，胡蜂确实能够依据不同的面部图案，识别不同的个体。

蒂贝茨惊呆了。这确实是一个令人惊讶的发现，想想人类是怎样识别面孔的吧——首先，我们必须将某人的面部特征，比如鼻子、嘴巴、眼睛和耳朵，进行信息组合；同时，我们会在脑海中，把这些面部特征的组合信息，与更多抽象信息联系起来，比如他（她）是我们的老板或邻居。然后，当我们再次见到这个人时，就能快速回忆起他（她）的面孔和身份。

有趣的是，相比其他复杂视觉信息，人类能更快更准确地记住人的面孔。比如，在聚会中，你能毫不费力地快速记住参加聚会的人的面孔。但对于同样复杂的图案，比如汉字，人类要想记住它们，却得花费更多的时间和精力。面孔和汉字都是由多种元素组合在一起的复杂整体，但我们更善于记住面孔而不是汉字，因为进化赋予了大脑记忆面孔的能力。

实际上，人类大脑中有一块叫作梭状回面孔区（fusiform face area）的区域，专门用来处理面部识别。这种处理机制是高度特化的，以至于如果将一个熟人的照片颠倒过来，我们就会认不出来。同样，面部关键区域（比如眼睛）的微小改变，也会削弱我们识别熟悉面孔的能力。

尽管人类在面孔识别上具有优势，但还是有将近 2% 的人，患有面孔识别障碍（face-learning deficits）。大多数面孔识别障碍都是遗传性的，但如果成年人的梭状回面孔区受到损伤，也会患上这种疾病。无法识别人的面孔，会给患者的生活带来极大的不便，因为每个人都不可避免地生活在人际社会中。在一些极端案例中，患者甚至认不出自己的配偶和孩子，对他们来说，想要记住人的面孔，就像试图记住公园里每一块石头一样困难。此外，一些精神疾病（比如自闭症）患者身上出现的社交障碍，也可能部分源于面孔识别障碍。

由于面孔识别这种高度特化的能力非常重要，蒂贝茨很想知道，胡蜂是否也已进化出了同样的特化性，或是进化出了另一种面孔识别方式。

为了找出答案，她需要先找到一种靠谱的训练方法，让胡蜂专注于“正确”的并忽略“错误”的图案。通常，研究人员在训练社会性昆虫（比如蜜蜂）时，会采用奖励糖的方法，来诱使它们做出正确选择，完成特定任务。蜜蜂非常愿意为了糖而工作，因为它们的天职之一就是采集花蜜，与同伴一起分享。然而，这一招对胡蜂不管用，因为胡蜂可以几个星期不吃东西。最后，蒂贝茨和迈克尔·希汉（Michael Sheehan，蒂贝茨当时的研究生，现在在加利福尼亚大学伯克利分校）终于发现了一个训练胡蜂的方法——当胡蜂选择错误时，给予一次微小的电击，就能迫使它们选择正确的图案。

使用这个训练方法，胡蜂学会了区分 5 种不同类型的图案——正常胡蜂面部图、简单的黑白几何图、毛毛虫（胡蜂的捕食对象）图像、经处理去除了触角的胡蜂面部图，以及经马赛克处理过的胡蜂面部图。图案都是两两配对地展示给胡蜂。仅仅经过 20 次训练，胡蜂就能从两两出现的图案中，准确选出正常的胡蜂面孔，但当其余 4 种图案两两出现时，胡蜂还是很难区分。给人印象最深的是，去除触角或将胡蜂面部元素重新排列组合，明显会干扰胡蜂的面部识别能力。

胡蜂在识别正常面孔与去除了触角的面孔上的差异，强有力地证明了，胡蜂具有特殊的面部识别神经系统。去除触角的胡蜂面部图，与正常的胡蜂面部图，有着相同的颜色和图案，但胡蜂的视觉系统却不能有效地识别。这表明，像人类一样，胡蜂也是通过某些整体性的面部识别机制来感知面孔。也就是说，胡蜂会把面孔作为一个整体来感知，而不是分别记住面部的各个元素。因此，这些不同的面部元素需要完整且正确排列，胡蜂才能正确地识别。去除了触角后，对胡蜂识别能力的影响，与颠倒照片、反转照片亮度、扭曲某些面部元素，对人的识别能力的影响是相似的。

人类和胡蜂高度特化的面部识别能力表明，特化机制在动物中可能普遍存在，比我们原先预想的要广泛得多——当环境条件需要这样的能力时，动物就进化出这种本领。比如，纸巢胡蜂的巢穴里并非只有一只蜂后，而是有一群蜂后，这些蜂后生活在一起，会为了争夺生殖优势而相互竞争。在这种情况下，为了和谐地共同生活，蜂后很有可能会进化出识别不同个体的本领，以记住每个个体的优势等级，并最终在种群中进化出了高度特化的面孔识别机制。同样，科学家推测，在不需要区分个体的动物群体中，面孔识别机制应该不会出现。

为了验证这个假说，蒂贝茨和希汉考察了纸巢胡蜂的近亲——长足胡蜂（*Polistes metricus*）。长足胡蜂的社会结构与纸巢胡蜂不同，巢穴是由唯一的蜂后建立，在这种仅有一个蜂后的群落里，群体成员完全没有必要识别彼此面孔。此前，蒂贝茨和希汉已经发现，长足胡蜂面部的条带斑点等特征，不会随着个体的不同而变化，并且长足胡蜂也不会本能地彼此识别。他们由此认为，与社会化程度较高的纸巢胡蜂不同，长足胡蜂不具备特化的面部识别机制。这一结论支持了他们前面的推测。

虽然经过训练，长足胡蜂也能够记住面孔，但这对它们来说非常困难，并且，它们记住面孔的速度和准确度与记忆其他一些图案差不多。

此外，去除触角也不会影响长足胡蜂记住面孔的速度和准确度，这表明它们不具备特化的整体面部识别机制。相反，不论是记忆面孔，还是其他图案，长足胡蜂的处理方式都一样——把它们当成由各种单独特征组成的集合——和人类学习汉字时一样。

蜜蜂眼中的人脸

尽管长足胡蜂缺少特化的面孔处理机制，但经过长时间训练后，它们依然能够记住同类的面孔。那么，有没有可能，拥有微小大脑的昆虫，也能记住另一种截然不同的生物——人类的面孔。

受到前面关于纸巢胡蜂研究的鼓舞，我们团队的另一位成员、正在研究蜜蜂的视觉信息处理机制的戴尔（Dyer），对蜜蜂能否区分人类面孔，产生了浓厚的兴趣。在一个标准神经科学测试中，戴尔向普通的蜜蜂展示人类的面部图，训练它们从多种面孔中区分出目标面孔。这些面孔非常相似，以至于即便是人类受试者，也会经常犯错。

戴尔的训练方法是，当蜜蜂正确选择了目标面孔时，他就奖励蜜蜂糖水；当蜜蜂选择了其他面孔时，他会给予味苦的奎宁溶液（又名金鸡纳霜，可以治疗疟疾）。尽管训练过程颇费周折，蜜蜂还是在 50 次实验后，学会了准确地区分开目标面孔和其他面孔。蜜蜂甚至还学会了在一组新的人类面孔中选出目标面孔。

其他一些类似实验也已发现，蜜蜂的面孔识别机制与人类惊人相似。首先，尽管与纸巢胡蜂和人类相比，蜜蜂记住面孔的速度较慢，但还是能够通过后天训练，拥有整体性的面孔识别机制（它们不像纸巢胡蜂和人类一样天生就能如此）。其次，蜜蜂能够记住一张面孔上不同的点，并可以根据这些信息，在不同的角度上，识别出这张面孔图像。

例如，当蜜蜂看过一张特定面孔的正面和侧面后，把这张面孔旋转 30 度，蜜蜂依旧能正确地认出。蜜蜂居然能够记住面孔，这让科学家感到非常意外，因为蜜蜂的社会环境比胡蜂更简单，仅由一个蜂后和一群几乎做同样工作的工蜂组成。而且每一只蜜蜂并没有独特的面部特征，它们在巢穴中交流靠的是信息素，而不是视觉。

研究昆虫的面部识别机制，将有助于我们开发出更好的自动人脸识别系统（automatic face-recognition systems）。从不同角度识别同一张脸，是机器脸部识别的巨大挑战之一，通常被认为是一项艰巨的任务。但这一任务，大脑比灵长类动物简单得多的蜜蜂却可以做到，因此，搞清楚蜜蜂是如何处理这一复杂问题，将为我们提供一条捷径，更好地改善面部识别软件，并应用在智能机器上。

另外，对昆虫面部识别机制的研究，还可以告诉我们，面部识别机制是如何进化出来的。尽管长足胡蜂和蜜蜂并不是天生就能在日常生活中区分不同个体，但通过训练，它们体内的“简单系统”还是能够学会记忆并识别面孔，这或许是因为它们在采食过程中，本来就要使用图案识别能力。而这种能力，或许正是高度特化的面部识别能力在进化过程中的一种过渡态。

当年，纸巢胡蜂的一部分祖先为了生存和繁殖，为了更好地适应新的社会环境，进化出了面部识别本领。随着时间的流逝，自然选择发挥了作用，纸巢胡蜂的大脑逐渐进化出了高度特化的面部识别机制，拥有了快速、准确分清敌友的能力。

进化中出现的过渡态，则对这种进化起到了推波助澜的作用：纸巢胡蜂和长足胡蜂是近亲，它们最后的共同祖先可能已经拥有了相对原始的面部记忆系统，这一点在长足胡蜂身上就可以看到。因此，纸巢胡蜂高超的面部识别本领，肯定是与长足胡蜂这一品系进化分离后，才在“最近”进化出来的。

因此，当你下次站在院子里的时候，就花些时间好好欣赏一下身边的胡蜂和蜜蜂吧。在它们小小的大脑里，充满着无穷无尽超出我们想象的东西。

双性恋物种

艾米丽·V. 德里斯科尔（Emily V. Driscoll）
殷姝雅　译

1998 年春天的一天，两只原产于南极洲的企鹅罗伊和西尔罗在曼哈顿中心公园动物园的水箱里相遇。它们栖息在石头上，轮流在清澈的水中潜水，互相扭着脖子，呼唤，交配，然后一起筑窝准备孵卵。但是并没有企鹅蛋出现，因为罗伊和西尔罗都是雄性。据报纸报道，动物园管理员罗伯特·格拉姆赛（Robert Gramercy）看到这对帽带企鹅把一块石头滚进窝里，然后坐在上面。同时罗伯特发现一个另一对企鹅难以孵化的蛋，就把它塞进了罗伊和西尔罗的巢里。罗伊和西尔罗轮流用它们多脂的下腹部孵蛋，34 天后，一只雌性小企鹅破壳而出。罗伊和西尔罗给这只灰色、毛茸茸的小东西保暖，并把食物喂到它小小的、黑色的嘴里。

和大多数动物一样，企鹅倾向于与异性配对，这样做的原因显而易见。但研究人员发现，同性伴侣的现象在动物王国中也相当普遍。罗伊和西尔罗只是被观察到的 1500 多种有同性恋行为的野生或圈养动物中的其中一种。不管是雄性还是雌性、年老的还是年轻的、群居动物还是独居动物，从昆虫到哺乳动物的进化树上都发现了这样的同性恋行为。

然而，与大多数人类不同的是，单个动物通常不能被划分为同性恋或异性恋，因为动物与同性调情或建立关系的同时并不一定会回避与异性的接触。相当多的物种似乎有根深蒂固的同性恋倾向，这是它们社会的常规组成部分。也就是说，可能没有严格意义上的同性恋动物，只有双性恋动物。“动物没有性别认定，它们只是单纯发生性关系。”英国温彻斯特大学的社会学家埃里克·安德森（Eric Anderson）说。

然而，对不同物种同性恋行为的研究可能会阐明这种行为的进化起源。例如，目前研究人员已经了解到，动物参与同性交配可能是为了缓解紧张的社会关系，更好地保护它们的后代，或者在没有异性伴侣的情况下保持繁殖能力，或者仅仅是因为好玩。这些观察结果表明，双性恋在动物中是一种自然状态，也许包括智人也是一样，尽管大多数人认为性取向的界限是理所当然的。“在人类中同性恋和异性恋的分类是由社会构建的”，安德森说。

此外，包括企鹅在内的一些物种的同性恋现象在圈养环境中似乎比在野外更为普遍。科学家说，圈养导致同性恋行为的出现，部分原因可能是由于异性伴侣的缺乏。此外，一个封闭的环境会提高动物的压力水平，导致需要更大的欲望来缓解压力。

和平共处

关于动物同性恋的现代研究可以追溯到 19 世纪晚期，最初是通过对昆虫和小动物的观察。例如在 1896 年，法国自然科学之友协会和鲁昂博物馆的昆虫学家亨利·加多·德·科维尔（Henri Gadeau de Kerville）发表了一幅两只雄性甲虫交配的图画。然后，在 20 世纪上半叶，不同的研究人员描述了狒狒、袜带蛇和巴布亚企鹅等物种的同性恋行为。当时，科学家们普遍认为动物之间的同性恋行为是不正常的。在某些情况下，科学家们通过阉割或切除额叶等方法“治疗”这些动物。然而，终于有一份早期的报告对这种行为的可能起源作了描述和深入地探索。在 1914 年的一项实验中，美国加利福尼亚州蒙特西托的精神病理学家吉尔伯特·范·塔塞尔·汉密尔顿（Gilbert Van Tassel Hamilton）称，有 20 只日本猕猴和 2 只狒狒的同性行为主要是作为与潜在敌人和解的一种方式。在《动物行为杂志》（*Journal of Animal Behavior*）上，汉密尔顿观察到雌性猕猴会主动和更有统治力的同性猕猴进行性行为：“当雌性受到另一只雌性的威胁时，同性恋行为会相对频繁地发生，但这种情况很少在性饥渴时表现出来。”对于雄性而言，他写道，“成熟雄性和不成熟雄性之间的同性恋联盟可能对不成熟的雄性具有防御价值，因为这确保了幼年雄性在遭受攻击时将得到成年雄性的协助。”

最近，一些研究人员在研究黑猩猩的近亲倭黑猩猩时得出了类似的结论。以人类的标准来看，倭黑猩猩似乎是高度滥交的，它们大约一半的性行为都与同性伴侣有关。雌性倭黑猩猩频繁地摩擦同性的生殖器，以至于一些科学家认为，它们的生殖器就是为了促进这种活动而进化的。“雌性倭黑猩猩的阴蒂位于正面，也许就是进化性地选择了能在同性性摩擦过程中得到最大化刺激的位置，”明尼苏达大学行为生态学家玛琳娜·苏克（Marlene Zuk）在她 2002 年出版的《性的选择：我们可以从动物身上学到的性知识》（*Sexual Selections*：*What We Can and Can't Learn about Sex from Animals*）中写道。人们还观察到，雄性倭黑猩猩会骑在对方身上，爱抚对方，甚至为对方口交。

这种行为似乎缓解了社会紧张局势。在 1997 年出版的《倭黑猩猩：被遗忘的猿》（*Bonobo*：*The Forgotten Ape*）一书中，埃默里大学灵长类动物学家弗兰斯·德·瓦尔（Frans de Waal）和他的合著者摄影师弗兰斯·兰亭（Frans Lating）指出，“当一只母熊打了一只幼崽，而幼崽的母亲来为它辩护时，两只成年熊之间强烈地生殖器摩擦可能会解决这个问题。”德瓦尔观察到数百起这样的事件，表明这可能是一种普遍的维和战略。“同性恋越多，物种就越和平。”挪威奥斯陆大学自然历史博物馆的学术顾问皮特·布克曼（Petter Bøckman）断言，“倭黑猩猩是和平的。”

事实上，这种行为对倭黑猩猩的社会化非常重要，它们构成了年轻雌性进入成年的一种仪式。倭黑猩猩生活在一个母系社会中，每 60 只左右组成一个群体。雌性在青春期时离开这个群体，通过梳理毛发和与其他雌性交配获得进入另一个倭黑猩猩群体的许可。这些行为促进了亲密关系，并给新招募的成员带来了福利，比如被保护和获得食物。

筑巢

在一些鸟类中，雄性会偷取雌性的蛋，并在同性婚姻中抚养它们。这可能是一种提高物种存活率的策略。布克曼说：“在黑天鹅中，如果两只雄天鹅彼此结合并筑巢，它们筑的巢将会非常成功，因为它们比一只雄天鹅和一只雌天鹅的组合更大更强壮。”在这种情况下，他观察到，“作为一种明智的生活策略，拥有一个同性伴侣实际上会带来回报。”

在其他情况下，雌性母亲之间的同性结合可以在无法雌雄配对的情况下提高后代的存活率。在被称为蛎鹬（oyster cather）的鸟类中，如果不是一夫多妻制的三人组合，争夺雄性配偶的激烈竞争会让一些雌性单身。1998 年，荷兰格罗宁根大学的动物学家迪克·海格（Dik Heg）和遗传学家罗布·范·特鲁伦（Rob Van Treuren）在《自然》杂志上发表了一项研究，他们观察到，大约2% 的蛎鹬群体由两只雌性和一只雄性组成。海格和特鲁伦发现，在一些普通家庭中，雌鸟往往分开筑巢，并为争夺雄鸟而争斗，但在一些家庭中，三只鸟都看守着同一个巢。在后一种情况下，雌性和雄性通过骑在对方身上建立联系。合作的三角形比竞争的三角形能产生更多的后代，因为这样的情况下巢得到了更好地照料和保护。

不管是哪种情况，这样的发展可能表明了稳定社会关系的进化适应性。目前在夏威夷大学工作的生物学家琼·E·拉夫加登（Joan E. Roughgarden）认为，进化生物学家倾向于坚定地支持查尔斯·达尔文的性选择理论，因此在很大程度上忽视了联系和友谊对动物社会和其后代生存的重要性。“达尔文将繁殖等同于寻找配偶，而不是关注后代是如何自然成长的”，拉夫加登说。

保护后代、发展社会关系和避免冲突可能不是动物选择同性关系的唯一原因。布克曼说，还有许多动物这么做只是“因为它们想这么做”。“人们把动物视为按基因行事的机器人，但动物有感情，它们会对这些感情做出反应。”他补充道，“只要有性冲动，它们就会去做。”

2008 年的一项发现表明，同性恋行为之所以如此普遍，可能是因为它植根于动物的大脑线路中——至少在果蝇的例子中是这样的。同年发表在《自然神经科学》(*Nature Neuroscience*)杂志上的一项研究中，伊利诺伊大学芝加哥分校的神经科学家戴维·E. 费瑟斯通(David E. Featherstone)和他的同事发现，他们可以通过操纵一种他们称之为“性别盲”(genderblind)的蛋白质基因，来开启果蝇的同性恋倾向。这种蛋白质可以通过调节神经元之间的交流来分泌和响应神经递质谷氨酸。

携带突变“性别盲”基因的雄性会将这种蛋白质水平降低约2/3，它们会反常地被其他雄性所散发出的化学信号所吸引。结果，这些突变的雄性便会向其他雄性求爱并试图与其交配。作者写道，这一发现表明，野生果蝇可能具有异性恋和同性恋行为的先天基因，但“性别盲”蛋白抑制了促进同性恋行为的谷氨酸基回路。这样的大脑结构可能使同性行为很容易出现，这支持了在某些情况下可能赋予优势进化的观点。

囚禁效应

在一些社会化程度较低的物种中，同性恋行为在野生动物中几乎是见不到的，但在圈养的动物中却可能会出现。野生考拉大多是独居的，似乎是严格的异性恋。但在2007年的一项研究中，澳大利亚布里斯班昆士兰大学的兽医科学家克莱夫·J.C. 菲利普斯(Clive J.C.Phillips)和他的同事们在龙松考拉保护区的同性圈养笼子里观察到43只雌性考拉的同性恋行为。这些被圈养的雌性考拉会尖叫着模仿雄性的求偶叫声，并与其他考拉交配，有时会与多达 5 只考拉多次交配。菲利普斯说："就同性恋活动而言，圈养动物的此类行为无疑会得到增强。"

他认为雌性这样做的部分原因来源于压力。动物在封闭的栖息地经常会遭遇压力，它们可能会通过同性恋行为来缓解这种紧张。菲利普斯认为，缺少雄性伴侣可能也是一个原因。当雌性考拉发情时，它们的卵巢会释放出雌性激素，无论雄性考拉在不在身边，雌性激素都会引发交配行为。这种与生俱来的交配冲动是一种适应性行为，即使是和同性伴侣表现出来的。"同性恋行为保留了性功能，"菲利普斯说，这使得动物能够保持其生殖能力和对性活动的兴趣。对于雄性来说，这种好处更加明显：同性恋行为会刺激精液持续分泌。

缺乏异性伴侣也被认为是解释动物园里企鹅同性恋盛行的原因之一。除了美国的几对同性恋企鹅外，2004 年，在日本的动物园里还曾出现 20 对同性企鹅同时建立伴侣关系的罕见情况。东京立教大学的动物生态学家上田圭佑（Keisuke Ueda）说，这种行为模式"在企鹅的自然栖息地非常罕见"。因此，上田圭佑推测这种行为，包括雄性同性配对和雌性同性配对，是动物园性别比例失衡的结果。

研究人员还发现了可能导致家养牛同性恋行为的其他原因，同性恋行为在家养牛中非常普遍，农民和动物饲养者还为此发明了术语。“Bulling”专指雄性交配，而“going boaring”则代表雌性交配。对牛来说，这种行为不仅仅是一种压力缓解，还是一种表明性接受能力的方式。雌性骑在一起是为了表示愿意与公牛交配，在圈养的情况下，这可能会让饲养员知道，是时候引入合适的异性伴侣了。

根据菲利普斯对马来西亚白牛[㊀]的研究，他断言，野生牛中同性交配要少见得多。他说：“牛是在森林里进化的，所以视觉信号对它们没有用处。”

在充斥着压力的同性环境中，异性恋者进行的同性恋行为一部分是为了缓解紧张。“同性恋大多出现在群居物种中，”布克曼说。“这让群居生活更容易，而许多监狱里的群居生活非常困难。”

改变空间

在最近的几十年里，动物园管理人员试图通过丰容，使圈养场所更接近动物的自然栖息地来减少圈养的压力。20 世纪 50 年代，动物园里的动物生活在贫瘠的围栏里。但自 20 世纪 70 年代末以来，动物园变得更加友好，包括更多的开放空间，更多的玩耍对象和更好的饲养员。动物园和水族馆协会管理着从笼子尺

㊀ 马来西亚白牛：一种与家养牛相似的野生牛。

寸到动物寝具的一切事务。协会概述了圈养动物的丰富活动：例如，斯塔顿岛动物园的两只金棕色远东豹经常和混凝纸斑马玩偶玩耍，这是一种它们从未见过的动物。

研究人员希望这种改进可以影响动物的行为，使其生存模式更接近野外。更友好的环境可能造成的结果是，同性恋的比率更接近同一物种的野生成员。然而，有些人持反对态度，他们认为动物园管理员就应该禁止或阻碍他们所照顾的动物发生同性恋行为。

在某些动物物种中，圈养可能会产生远高于正常水平的同性恋行为，而人类的同性环境则可能会带来在其他环境中受到抑制的正常倾向。也就是说，一些专家认为，人类和其他某些动物一样，是天生的双性恋。拉夫加登说："我们应该称人类为双性恋，因为这种排斥同性恋的观点对人类是不准确的。""在不同的文化和历史中，同性恋和异性恋都是混在一起的。"

就连和罗伊交往了六年的雄企鹅西尔罗也表现出这种性取向的可塑性。2004 年春天的一天，一只来自圣地亚哥海洋世界的雌性帽带企鹅西格拉皮引起了西尔罗的注意，它突然离开了罗伊去找西格拉皮。与此同时，罗伊和西尔罗的"女儿"探戈继承了其父亲的传统。探戈选择的伴侣是一位名叫塔祖尼的雌性。

让它们做同性恋吧

有时，动物园管理员不知该如何应对动物的同性恋行为。2005年，德国不来梅海文动物园的工作人员发现，他们的5对濒临灭绝的洪堡企鹅中有3对是同性恋。饲养员从瑞典带回了4只雌洪堡企鹅，希望能吸引雄企鹅。这一举动激怒了世界各地的同性恋团体。在给不来梅港当时的市长约格尔・舒尔茨（Jörg Schulz）的信中，一群欧洲同性恋活动人士抗议他们所谓的“通过雌性诱惑者进行有组织的强迫骚扰”。

最后，雄性企鹅并没有受到影响。动物园园长海克·库克（Heike Kück）在接受德国《明镜》周刊采访时表示：“雄性企鹅几乎没有瞥过雌性企鹅一眼。”因此，更多的雄性企鹅被空运过来，与那些瑞典的雌性企鹅为伴。

把蟑螂变成傀儡的泥蜂[一]

克里斯蒂·威尔科克斯（Christie Wilcox）
阳 曦 译

我不知道蟑螂会不会做梦，如果会的话，扁头泥蜂（jewel wasp）的形象一定会常常出现在它们的梦魇之中。对人类来说，这种小型独居的热带泥蜂完全不足为惧，毕竟它们不可能操控我们的意志，让我们心甘情愿地成为幼蜂的鲜食，但毫无防备的蟑螂却会遭此厄运。这是现实版的恐怖电影；事实上，电影《异形》（*Aliens*）里破胸而出的怪物正是以扁头泥蜂和类似物种为原型创造出来的。扁头泥蜂与蟑螂的故事简单而诡异：雌蜂能够控

[一] 本文改编自克里斯蒂·威尔科克斯（Christie Wilcox）的著作《毒素：地球上最致命的生物如何得心应手地掌握生物化学》（Venomous: How Earth's Deadliest Creatures Mastered Biochemistry），由作者授权《科学美国人》改编。——译者注

制蟑螂的意识，抹除蟑螂的恐惧与逃生的意愿，并让它们乖乖成为幼蜂的“口粮”。不过，和大荧幕上的情节不一样的是，让健康蟑螂变成行尸走肉的不是什么致命的病毒——而是一种直接作用于蟑螂脑部的特殊毒素。

无论是人类的大脑还是昆虫的大脑，其核心都是神经元。能影响神经元的有毒物质也许有数百万种，所以某些毒素正好能够破坏精心保护之下的中枢神经系统，包括我们的大脑，似乎也不足为奇。有的毒素能够跨越生理上的藩篱，从遥远的注入位置出发，千辛万苦地周游整个身体，穿越血脑屏障，进入受害者的大脑；有的毒素则是直接注入受害者脑部，例如扁头泥蜂和“僵尸”蟑螂宿主的案例。

行尸走肉的蟑螂

神经毒素的作用不仅仅是麻痹身体，扁头泥蜂为我们提供了完美而恐怖的案例。扁头泥蜂的个头通常只有受害蟑螂的几分之一，发起攻击时，它从上方向下俯冲，用嘴叼住蟑螂，同时将“毒刺”——实际上是改良后的产卵器——瞄准猎物身体中部，即第一对腿之间的胸口。注射过程仅需几秒，毒素很快就会起效，让蟑螂陷入暂时的瘫痪，以便扁头泥蜂更加精确地进行下一次瞄准。借助长长的毒刺，扁头泥蜂将“洗脑”毒素注入猎物神经节的两个区域，昆虫的神经节相当于我们的大脑。

扁头泥蜂的毒刺非常适合用来攻击蟑螂。插入蟑螂的身体后，毒刺能感知自己的位置，从而准确地将毒素直接注入蟑螂脑子的特定区域。插入蟑螂的大脑后，毒刺可以探查周围情况，根据力学和化学反馈找到正确的道路，穿过神经节鞘（相当于我们的血脑屏障），将毒素准确注入合适的区域。蟑螂大脑的上述两块区域对于扁头泥蜂的攻击很重要；科学家曾人工切除蟑螂脑部的这两块区域，以观察扁头泥蜂的反应。结果发现，扁头泥蜂会努力寻找这两个地方，它会花很长时间用毒刺在蟑螂的脑子里徒劳地搜寻缺失的脑区。

毒素起效后，真正的精神控制开始了。首先，受害的蟑螂会进行自我清洁。一旦它的前足从麻痹（这是扁头泥蜂注入蟑螂体内的毒素引起的）中恢复，就会立即进入异常挑剔的自我清洁流程，大约持续半小时。科学家发现，这是毒素带来的特有行为，使蟑螂变得紧张；要是蟑螂没被毒刺蛰过脑部，那么即便它与扁头泥蜂有所接触，也不会表现出这样的行为。如果蟑螂脑部受到大量多巴胺的刺激，也会产生类似的清洁冲动，所以我们猜测，这种病态的清洁行为可能是毒素里的类多巴胺成分引起的。清洁行为到底是毒素的主要作用之一还是副作用，这个问题尚无定论。有人相信，清洁行为是为了保证脆弱的幼蜂吃到的美餐是干净的；但另一些人认为，这或许只是为了拖住蟑螂一段时间，好让扁头泥蜂有时间为它准备好坟墓。

多巴胺是一种迷人的化学物质，广泛存在于昆虫、人类及其他生物的脑子里；而且在所有生物身上，它的作用都至关重要。在我们人类的脑子里，多巴胺是“奖励系统”的一部分，令人愉悦的事物会刺激大脑分泌大量多巴胺。因为这种化学物质能让我们感觉良好，所以它也称为“幸福激素”，但与此同时，多巴胺也与成瘾行为和可卡因等非法化学品带来的快感有关。我们永远无法知道，蟑螂脑子里充斥大量多巴胺的时候，它是否也会感到欲仙欲死——但我愿意相信，它和我们一样。考虑到它即将走向那么悲惨的结局，如果在这个过程中连一点快感也没有，实在过于残酷。

蟑螂清洁身体的时候，扁头泥蜂会离开猎物去寻找合适的地点。它要准备一个黑暗的地穴来安置自己的孩子和已成“僵尸”的蟑螂，这需要花费一点儿时间。大约 30 分钟后，扁头泥蜂回到蟑螂身边，此时毒素已经完全起效，蟑螂彻底丧失了逃跑的意愿。从理论上说，这种状态是暂时的：如果在此时将中毒的蟑螂和扁头泥蜂分开，不让孵化的幼蜂把它吃掉，那么蟑螂的“僵尸”状态会在一周内消退。然而对可怜的蟑螂来说，这段时间实在太长。在它的脑子恢复正常之前，幼蜂早已大快朵颐，把这位宿主吃得一干二净。

蟑螂的运动能力未受损伤，但它似乎根本不打算动用这项能力。所以，毒素并未麻痹蟑螂的感知——而是改变了大脑对感知的反馈。科学家甚至发现，如果对中毒的蟑螂施加一些本应引起逃避反应的刺激，例如触碰它的翅膀和腿，那么蟑螂的身体仍会向大脑发送信号，只不过这只可怜的虫子不会做出反应。这是因为毒素抑制了特定的神经元，削弱了这些神经元的活跃度和敏感度，于是蟑螂突然变得无所畏惧，一点也不怕被埋在地下，被活活吃掉。在这个过程中，起效的是以 GABA 门控氯离子通道（GABA-gated chloride channel）为靶标的毒素。

GABA，即 γ-氨基丁酸，是昆虫和人类脑里最重要的神经递质之一。如果说神经元活动像一场派对，那么 GABA 就是那个扫兴的家伙；它会抑制神经元，让后者不容易被来自氯离子通道的刺激所激发。氯离子通道打开时，带负电的氯离子就能通过。因为氯离子喜欢跟带正电的离子纠缠不清，所以，如果有个钠离子通道与氯离子通道正好同时开启，那么氯离子就会与钠离子几乎同时穿过细胞膜，使钠离子难以激发“多米诺骨牌效应”，从而抑制神经信号的传递。在这种情况下，哪怕某个神经元收到了“出发”的指令，但仍然不会触发动作电位。不过，GABA 的抑制作用也不是绝对的，氯离子通道不可能完全与钠离子通道保持同步，所以只要刺激够强，那么信号也可能被传递出去。扁头泥蜂正是利用这套机制控制蟑螂。扁头泥蜂的毒素里含有 GABA 和另外两种同样会刺激氯离子受体的物质——β-氨基丙酸和牛磺酸。这些物质能预防神经元对 GABA 的再吸收，从而延长抑制效果的持续时间。

虽然这些毒素可以切断蟑螂的部分脑部活动，防止它逃走，但是，毒素不会自己到达蟑螂脑部的正确位置。所以，扁头泥蜂必须直接将毒液注入猎物的神经节。对扁头泥蜂来说，幸运的是，这些毒素不光能把蟑螂变成“僵尸”，还有短暂的麻痹作用，让扁头泥蜂可以方便地进行“颅内注射”。GABA、β-氨基丙酸和牛磺酸还会暂时性地抑制运动神经元，所以扁头泥蜂只需一种毒液就能完成两项截然不同的任务。

等到猎物乖乖安静下来，扁头泥蜂就可以咬开蟑螂的触须，啜饮甜美营养的虫血来补充能量。然后它会牵着残存的触须，引导蟑螂前往最后的葬身之所，就像人类牵着马儿的缰绳一样。进入地穴后，扁头泥蜂会在蟑螂的腿上产下一枚卵，然后把地穴封起来，让自己的后代和猎物一起待在里面。

幼虫的鲜食

除了控制意识以外，扁头泥蜂的毒液还有一种可怕的作用。蟑螂在地穴里等待必将降临的厄运时，毒液还会减缓它的新陈代谢，以保证它能活到幼蜂出生。我们可以通过一段时间内的耗氧量来判断生物新陈代谢的速率，所有动物（包括人类自己）在利用食物或体内脂肪产生能量时都会消耗氧气。科学家发现，被扁头泥蜂蜇刺过的蟑螂，其耗氧量远低于健康同类，这可能是因为蟑螂中毒后活动减少。但是，哪怕给蟑螂喂药或切断神经元，让它们陷入瘫痪状态，它们的存活时间依然比不上被扁头泥蜂蜇过的“僵尸”。

为什么中毒后的蟑螂活得格外久？关键可能在于充足的水分。毒液如何让蟑螂保持充足的水分，具体机制我们尚不清楚，但这确保了扁头泥蜂幼虫破壳而出时有新鲜的食物可吃。然后要不了多久，新的扁头泥蜂就会钻出地穴，把蟑螂的遗骸永远留在身后的黑暗之中。

神经毒素可能产生众多极端效果，扁头泥蜂的毒液只是其中一种而已。扁头泥蜂所属的长背泥蜂属下有超过 130 个物种，包括新命名的扁头摄魂蜂（*Ampulex dementor*，它的名字来自《哈利·波特》系列里看守魔法监狱阿兹卡班的摄魂怪）。这些以精神控制著称的蜂类的特性令人毛骨悚然：成年蜂的食性与其他黄蜂和蜜蜂无异，但幼蜂却必须寄生在其他动物身上。它们无法完全独立，却又不能算是寄生虫——用科学家的术语来说，它们是拟寄生性昆虫（parasitoid）。

蟑螂不是寄生蜂的唯一目标，蜘蛛、毛毛虫和蚂蚁都可能成为它们的猎物。

生活在北半球温带地区的潜水蜂（*Agriotypus*）会钻入水下，把卵产在石蛾幼虫身上，为了完成这项任务，它最多能在水下待 15 分钟。毛缘小蜂（*Lasiochalcidia*）生活在欧洲和非洲，它们会勇敢地飞进蚁狮（ant lion，一种昆虫）恐怖的嘴巴，把卵产到蚁狮的喉咙里。甚至有一些重寄生蜂（hyperparasitoid）会以其他寄生蜂为宿主，比如，生活在欧洲和亚洲的折唇姬蜂（*Lysibia*）会找到被拟螟蛉盘绒茧蜂（*Cotesia*）寄生过的毛毛虫，并把卵产在刚刚化蛹的茧蜂幼虫体内。在某些情况下，有些寄生蜂物种会嵌套寄生，形成俄罗斯套娃一样的结构。

为了确保幼蜂安全地长大成年，这些蜂从宿主身上得到的不仅仅是食物。一种蜂会把毛毛虫宿主变成傀儡战士，即便幼蜂刚刚啃食了毛毛虫的身体，毛毛虫依然会忠诚地保卫蜂蛹。另一种蜂幼虫会迫使蜘蛛宿主为它织一张丑陋而坚固的网来保护蜂蛹，然后再把宿主杀死。

不过，尽管这些非同寻常的寄生蜂是精神控制的“大师”，但是除了它们，还有一些生物的毒素能改变宿主的精神状态。有些物种的毒素甚至能够达到蜂毒无法企及的高度——渗透人类的血脑屏障。但是，和蟑螂不一样的是，人类对这些搅乱大脑的物质拥有一种奇怪的亲近感。蟑螂对扁头泥蜂毒素避之不及，但与之相反，有的人类却愿意付出每剂 500 美元的天价去获取类似的体验。

奇异的
动物
生存术

第 2 章

它们令人惊讶的心智

动物们的社交天赋

凯瑟琳 · 哈蒙 · 卡里奇（Katherine Harmon Courage）
韩佳桐　译

泰国大象保护中心坐落在清迈周边的美丽森林里。一对亚洲象正凝视着绳网那头的两碗玉米粒。玉米粒被安放在一个由绳索牵引的滑轮车上，绳头在大象这一边。如果只有一头大象牵拉绳头，绳索就会滑落。为了把食物挪到触“鼻”可及的范围，两只大象必须合作——这通常是人类等灵长类动物的“专利”行为。然而，实验中的两只大象默契地各自抓住一个绳头，轻松将食物移到身边。

双绳头实验共有六对大象完成。落单的大象会等待长达 45 秒，直到伙伴到来一起完成任务。来自泰国玛希隆大学的心理学家约书亚·M. 普罗尼克（Joshua M.Plotnik）和他的同事在 2011 年发表了这项研究成果，他们发现，每一对大象的行为模式都有差异，这表明大象对社交合作的理解可能十分深刻。

过去的一个世纪中，动物们的聪明机敏曾屡次超出我们的期待。大猩猩科科学会了手语；非洲灰鹦鹉亚历克斯掌握了 150 多个单词；在野外，甚至连章鱼这类无脊椎生物也会使用工具。直到 20 世纪中期，科学家还认为只有人类会使用工具、学习语言，而合作等复杂社交技能在动物的认知能力中是不可想象的。最近的研究才使人类意识到，动物们的社交手段其实十分高明，足够它们有效地理解和学习同伴。

一对大象正在合作。它们分别拖着一个绳头，将滑轮车上的玉米粒挪到身边。

插图：帕特里夏·J. 韦恩（Patricia J. Wynne）

最新的研究认为，一些动物的社交行为不仅能增进同类的关系，还是生存的必要技能。动物与人类一样有社交需求，它们可以分辨出伙伴何时在走神，并重新抓住它的注意力。它们互相分享使用工具等必要的生存技能，甚至欺骗同类来为自己谋利。下文所述的几种动物具有最令人叹为观止的社交技巧，它们的交流模式使科学家耳目一新，也突破了人类对动物社交水平的认知。

彼此联系

在我们看来，社交能力似乎不像计算或写作那样重要。然而现代人中的天才，如斯蒂芬·霍金和史蒂夫·乔布斯，具有同样出色的分析能力与受众交流能力。社交技能是我们在复杂的社会中赖以生存的基础——如果缺乏相互理解的团队，人类的交流和协作将十分艰难，金字塔和超级计算机也无从诞生。

社交技能的第一步是建立与同伴的亲密度。来自麦吉尔大学的生物学家路易斯·列弗斐尔（Louis Lefebvre）说：“个体只有先具备亲近他人的需求，才能逐步形成完善的、系统的社交能力。”并非所有动物都有这样的亲密需求。例如，章鱼只有在繁殖时才接近同类。

相反，斑胸草雀（zebra finch）对伴侣十分忠诚，也常常群体行动。2009 年的一项研究中，来自印第安纳大学伯明顿分校的生物学家詹姆斯·古德森（James Goodson）和同事发现，斑胸草雀的群体性与它们大脑中的鸟催产素（一种激素，作用相当于人类催产素）有关。当鸟催产素被阻滞后，斑胸草雀就抛弃了同伴，雌雀只愿意在同伴附近待上不到从前三分之一的时间。反之，研究者给予额外的鸟催产素后，鸟儿们比从前更亲近了。

古德森和同事在其他鸟类中也检测到了此种激素。他们发现，比斑胸草雀亲密度低的种群含有更少的鸟催产素受体，而喜爱群体旅行的鸟类体内则相对更多。这在哺乳动物中也是相似的。例如，草原田鼠与配偶和后代的关系与其体内催产素和血管加压素的水平相关，激素可以影响动物的社交行为和亲密度。

认识自己和他人

优秀的社交表现首先需要清晰的自我意识。这种原始的自我意识觉醒，使动物在交配和防御等场景中得以超越其行为定式。科学家利用镜像实验测试动物的自我觉知。他们在动物身上安放一个可视记号，如果动物在自己身上指认出该记号，就表明它意识到镜中的动物是自己。类人猿、大象、宽吻海豚、虎鲸、喜鹊都通过了这一测试，这表明它们的社交天赋可能比普通的群居动物更优秀。

社交网络建立的第二个必要因素是心理推测能力，即随时间不断变化，能意识到他人心理状态（如知识背景、欲望、信念、动机）与自身存在差异。在测试儿童心理推测能力发展情况时，心理学家让儿童和成人共同观察存放某物体的过程（如往杯子里放一个小球），随后成人离开房间，物体也被移位。成人回到房间后，一个具有较成熟心理推测能力的孩子，能够意识到成年人并不知道球已经移动，他或她也不指望成年人在新的位置上寻找球。

由于交流上的限制，这项测试难以在动物中直接推行。然而，科学家可以利用动物的生理结构推测它们的心理，例如镜像神经元。在猕猴和鸟体内，镜像神经元会在观察同类动作时被激活。人类的镜像神经元分散在多个脑区，其中包括位于大脑顶部控制运动功能的运动辅助区。镜像神经元可帮助动物模仿同类动作、反思动作的目的，这对动物们的互相理解十分有益。镜像神经元的存在表明，动物可能具有观察同类和形成心理推测能力的能力。

科学家尚未在狗脑内发现镜像神经元，但十几年前，来自巴纳德学院的心理学家亚历山德拉·霍洛维茨（Alexandra Horowitz）采集了一些行为学数据，认为狗可能具有某种心理推测能力。在为期 21 个月的实验中，她在圣地亚哥的狗园随机取样录像，分析了狗的脚印规律。她注意到，狗的某些行为或许表明它能够理解同类。

园中的狗会根据另一只狗的动作来决定是否邀请它玩。如果玩伴面对着狗，它就会大张开嘴或做“下犬式”；而如果玩伴转过头去或正在做别的，它就会轻轻咬一下玩伴。霍洛维茨解释道："它们好像能够注意到玩伴是否能回应它的邀请，能区分同伴的认知状态并做出反应。"2011 年，霍洛维茨发表了一篇论文，指出狗拥有基础（甚至更高）的心理推测能力。

多数猴子和某些鸟类拥有镜像神经元，它们也同样展示了心理推测能力相关的行为。然而，科学家在猴子、鸟类、狗之外的其他动物身上还未发现这种能力。

学校与学生

社交智能可以为动物带来信息分配上的获益。科学家早就发现，兽群有各自的示警信号，用来报告捕猎者或天敌的靠近。例如，白尾鹿在逃跑之前会摇晃它惹人注目的白尾巴，并将尾巴竖立起来。而最近，研究者注意到一些群居动物会互相传授社交规则或工具制作方法。

斑马鱼（zebra fish）是一个生动的实例，它们会在"学校"中分享一些社交密码。斑马鱼体型很小，容易被大鱼捕食，因此对周边的新物体非常警惕。相反，圈养的斑马鱼对周边移动物体无动于衷，会在物体附近游来游去。

生物学家莎拉·扎拉（Sarah Zala）来自维也纳兽医大学康拉德·洛伦兹（Konrad Lorenz）动物行为学研究所，她与研究组成员一起测试了斑马鱼的行为是否会受同伴影响。他们将一些野生斑马鱼引入圈养斑马鱼群中，发现野生斑马鱼面对移动物体时变得更“勇敢”了。这些野生斑马鱼不再马上远离靠近的物体，而是和圈养的同类一起朝着它游去，这种效应可以持续到野生鱼与圈养鱼分开之后。这项研究于 2012 年发表，指出斑马鱼的行为改变并不是简单的“从众”，而是在新环境中习得了一种新的行为模式。

海豚的行为影响模式则更加复杂。在澳大利亚，一群宽吻海豚会利用海绵觅食。来自乔治城大学的生物学家简妮特·曼恩（Janet Mann）和同事发现，雌性海豚用鼻子顶着海绵在海底“刷洗”，这样可以在觅食时保护好自己的鼻子。研究者们在这些海豚体内采集了 DNA 样本，并与其他地区的海豚相对比，发现只有这群海豚具有同源的母系遗传。研究者在 2008 年发表的报告中表明，这项特殊的觅食技能可能是由雌海豚一代代传授给女儿们的。

无独有偶，雌性黑猩猩也会教给女儿生存的智慧。在坦桑尼亚的贡贝国家公园，年轻的雌猩猩比雄性同类更会制造工具、捕捉白蚁。成年雌猩猩擅长使用长树枝或草茎捕食白蚁，雄猩猩则把目标集中在更大的猎物上。在 2004 年发表的研究成果中，来自芝加哥林肯公园动物园的伊丽莎白·朗斯多夫（Elizabeth Lonsdorf）及同事发现，年轻的雌猩猩与母亲在一起的时间更长，这期间母亲会教它们捕食的技能；而雄猩猩则更爱玩耍，通过在战斗中争夺统治权、配偶和食物来完善社交技巧。

一项研究认为，海豚妈妈会教女儿如何在觅食时使用海绵来保护鼻子。

插图：帕特里夏·J. 韦恩（Patricia J. Wynne）

骗局

一些动物种群通过共享社交技能获益。另一些动物则巧施手段向潜在竞争者隐瞒信息，从而中饱私囊。心理学家费德里卡·阿米西（Federica Amici）曾带领研究组在英国利物浦约翰摩尔大学训练僧帽猴、长尾猕猴和蜘蛛猴学会打开盒子领取食物。独处时，受训过的猴子会马上打开盒子吃掉食物；但如果周围有位高权重的猴子在场，它们（尤其是猕猴）就会暂时放弃食物，以免暴露打开盒子的诀窍。

一些鸟类也会有类似的欺骗行为，这或许也是鸟类心理推测能力的佐证。无论是在实验室还是野外，当周围有其他鸟类时，灌丛鸦都会改变食物储藏点。实验表明，当灌丛鸦发现另一只鸟看过它埋虫子，它就会把虫子挪走，或者至少假装挪走。这种行为表明，灌丛鸦深谙同类的心理，懂得如何保护自身利益。来自耶鲁大学的心理学家劳瑞·桑托斯（Laurie Santos）说："非灵长目动物的心理认知非常敏锐。"

普罗尼克实验中的亚洲象也会"偷奸耍滑"。一只名叫诺伊亚·安（Neua Un）的母象发现踩住绳头也能防止绳子滑脱，它就不再拉绳子了。而在另一只大象用力拉绳子的时候，它把鼻子动来动去，假装自己也在劳动。

当灌丛鸦发现另一只鸟在看它储藏食物，它就转移（或假装转移）食物，这说明它们了解同类的心理。

插图：帕特里夏·J. 韦恩（Patricia J. Wynne）

社交智商

当然，社交智商（Social IQ）的范畴并不限于抓住别人的注意力，或把生活经验教给下一代。更深层次的社交智商包含了共情和悲悯，这是种族成员之间奢侈的、无形的情感连结，与心理健康和躯体健康都密切相关。虽然动物的心理和感受难以直接捕捉，但我们可以通过观察获得某些线索。

2010 年发表的一篇论文中，来自苏格兰斯特灵大学的心理学家詹姆斯·安德森（James Anderson）与同事一起在布莱尔德拉蒙德野生动物园及冒险公园录像，记录了一只名叫罗西的成年雌性黑猩猩对母亲去世的反应。母亲死后数周内，罗西食欲减退、失眠，也不如平时有精力，表明它可能十分哀恸。在刚果民主共和国的维龙加国家公园，大猩猩在双亲或同伴去世后也有类似的反应。

其他动物也会在亲属或朋友去世后出现行为改变，例如狗、猫、海豚和鸭子。然而，界定这些行为十分困难——当动物们等待着同伴回来时，科学家很难判断这是否由悲痛所致，也不知道动物们理解死亡的能力达到何种程度。

悲哀并不是动物唯一的复杂情感。埃默里大学的心理学家弗朗斯·B.M. 德瓦尔（Frans B.M.de Waal）与同事发现，黑猩猩会选择能够帮助同伴而非单纯利己的行为，说明它们有利他倾向。

利他是一种十分高级的社交品质，曾被认为只在人类中存在。

社交智商是一种独特而复杂的能力，它与其他的智力因素（如问题解决能力、对世界的认知水平）很难完全分开。例如，灌丛鸦秘密转移食物的行为同时体现了社交和非社交智商。列弗斐尔（Lefebvre）解释道：“这包含了复杂的记忆机制和对未来食物需求的预测能力。”尽管智力存在多个向度，但社交手腕是一个不可忽略且常被我们低估的元素。可以确信的是，人类对动物社交智商的理解越复杂深入，动物和人的关系就越紧密。

高智商的家鸡

卡罗琳 · L. 史密斯（Carolynne “K-lynn” L. Smith）
萨拉 · L. 杰林斯基（Sarah L. Zielinski）
王雪婧　刘　阳　译

在动物世界里，有些物种会比其他动物拥有更出色的“智慧”。鸟类就是这样的一类动物，它们所展现的一些能力，曾被认为是人类的“专利”。比如，喜鹊能够认出自己在水面上的倒影；新喀里多尼亚鸦会制造工具，还能从长辈那里学会制造这些工具的方法；非洲灰鹦鹉不仅会数数，而且会根据物体的颜色和形状将它们归类，甚至能模仿人类的语言。一只名叫“雪球”的葵花凤头鹦鹉还可以跟着音乐的节拍跳舞。

或许，很少有人会认为家鸡是一种聪明的动物，但近些年来，科学家的研究表明，这种动物的智商很高，在个体之间具有

“欺骗”和“要诡计”的行为。

这些交流能力，甚至可与使用复杂信号传达意图进行沟通的灵长类动物相提并论。在进行选择的时候，家鸡个体会利用自己的经验以及相关信息来进行判断。它们还能处理非常复杂的问题，对处于危险当中的同类，甚至可以换位思考。

这些有关家鸡的研究说明，一些复杂的认知行为并不像我们以前认为的那样，仅仅存在于灵长类动物中，而是广泛存在于动物界。这些新研究也迫使人们从伦理的角度来考虑，应该如何对待养殖场的鸡：为了以尽可能低的成本，快捷地生产鸡肉和鸡蛋，人们设计出了现代化的养殖系统。现在，我们已经知道，家鸡具有一些认知能力，那么对于养殖系统的设计，是否应该有一些道德层面的考量？

深思熟虑的行动

科学家几乎花了一个世纪才得以确认，鸡的脑子里发生了什么。与此有关的研究最早出现于 20 世纪 20 年代。当时，挪威生物学家托里夫・谢尔德鲁普 – 埃贝（Thorleif Schjelderup-Ebbe）通过一系列实验发现，家鸡群体存在着“等级制度”。他将此命名为“啄食顺序”（pecking order），因为他发现，处于统治地位的家鸡，会用尖锐的喙去啄地位较低的个体，来巩固它的“绝对权威”。

另一个有关家鸡认知的重大突破诞生于几十年后。美国加利福尼亚大学洛杉矶分校已故科学家尼古拉斯·科里亚斯（Nicholas Collias）和埃尔西·科里亚斯（Elsie Collias），对家鸡的叫声进行分类，最后确认它们共有 24 种不同的类型。有意思的是，很多叫声都似乎对应着特定的事件。比如，当一只鸡面临危险时——如果看到天空中有一只饥肠辘辘的猛禽，这只鸡会压低身体，发出一阵并不响亮，但频率较高的“咦咦咦咦咦”声。而人们所熟知的“咯嗒咯嗒”的叫声，实际是当它们遭遇一个地面捕食者时所用的报警声。如果它们发现食物，公鸡将会发出激动的“咯咯”声，这可能会引起一只母鸡的注意，并对信息作出判断。

这些早期的研究结果都表明，家鸡那核桃般大小的脑子里所思考的东西，比我们想象的复杂得多。这些不同的声音似乎编码着特殊的信息，意在唤起围观个体对相关信息的回应。然而，由于研究手段的局限，科学家一直无法准确地将这些声音和特定动作联系起来。直至 20 世纪 90 年代，新技术的出现让科学家可以更严格地验证他们的假设。那时，澳大利亚麦考瑞大学的克里斯·伊文斯（Chris Evans，已故）开始采用数码录音设备和高清电视，在对照实验中，研究家鸡发出的一系列鸣叫声的功能。他在笼子周围放置电视系统，为这些家鸡创造一个虚拟世界，并且设置不同的情景以记录家鸡如何应对各种情况。比如，给一只家鸡提供一个同伴、一个竞争者或者捕食者——测试中的家鸡可能会看到一只虚拟的老鹰从头顶飞过，或者一只狐狸从侧面向它扑来，又或者一只公鸡发出一系列“咯咯”的叫声。

这些虚拟实验得出的结果给了我们一个惊人的启示：一只家鸡发出的声音或做出的动作会传达特定的信息，而其他家鸡能理解这些信息。例如，只要有家鸡发出了警报，其他家鸡即使没有看见空中的捕食者，也会表现得就像看见了一样。家鸡的这种报警信号具有“提示性”，意味着这些信号可以指代特定的含义和事件，就像人类的语言一样。当一只鸡听到某种声音信号时，该信号似乎可以在家鸡的大脑中勾画出特定物体的形象，促使家鸡做出相应的反应——不管这个物体是捕食者还是食物。

虚拟实验还发现，家鸡个体可以针对不同的同伴，发出不同的信息。比如，当一只公鸡发现危险在迫近的时候，会为附近的母鸡发出报警的声音。但是，如果附近的同伴是其他公鸡时，它就会保持缄默。母鸡发出信息同样有选择性：只在它们的小鸡面前发出警报声。

总之，这些研究结果表明，家鸡的声音并非只会反映个体本身的状态，如“害怕”或“饥饿”。相反，它们能意识到事件的重要性，它们的反应也不是简单的条件反射，而是一种经过深思熟虑的行动。家鸡这种经过思考，然后采取行动的模式，使它们不太像一种鸟类，更像是那些大脑容量较大的哺乳动物。

除掉竞争对手

这些具有特定含义的叫声证明，家鸡在认知能力上要比我们认为的更高级一些。上述研究还发现了一个有趣的问题：如果家鸡能够就外部事件进行交流，那么它们是否有可能对某些信息保密，甚至传递错误的信息，以便从这种欺骗行为中获得好处？对此，科学家还研究了家鸡发出的其他形式的信号，这些研究或许可以为我们提供进一步的认识。

20 世纪 40 年代，科学家就已经知道，当家鸡发现食物时，会做出一些复杂的动作。在这些动作中，最引人注目的是一只占据统治地位的公鸡发现食物时所做的动作——它又是快速地摇晃脑袋，又是不断点头，并且还会将食物啄起又扔下，以此告诉母鸡，它找到好吃的了。

这种行为是公鸡向母鸡示好的主要方式。科学家曾认为，在鸡群中，比较弱小的公鸡通常会比较低调，以免让“首领”感到不满。但是，一些科学家在观察了鸡群的社会行为后发现，家鸡的啄食顺序并不像人们以前认为的那样层级分明。实际上，越来越多的证据表明，家鸡都是比较狡猾的。

科学家最初并没有发现这些颇为隐蔽的“情节”，因为鸡群内部的互动通常很短暂，而且很难发现，更何况家鸡很喜欢待在草丛或灌木丛中。同时，对于研究人员而言，任何一个人都无法同时监控多只鸡的行为。为了最大程度地降低观察难度，我[1]想出了一个解决方案：家鸡版“《老大哥》”[2]。

我和同事在麦考瑞大学圈定了一些户外鸡舍。这些鸡舍空间很大，植被茂密，四周用铁丝网围起，我们架设了多部高清摄像机和麦克风，以记录家鸡的所有行为与声音。随后，我们对记录结果进行了分析。

同预想的一样，在鸡群中，占据统治地位的公鸡（以下简称“统治者”）会通过打鸣来显示自己是领地的统治者。它会通过展示食物的行为吸引母鸡，而当上空出现危险的捕食者时，它也会发出警报声来提醒鸡群。

那些地位较低的公鸡的行为却与预想的不太一样。研究人员开始认为，这些公鸡应该会安分守己，不会与母鸡交往，以免受到“统治者”的打击。然而，摄像机和麦克风却揭示了一个更加复杂的故事。这些地位较低的公鸡使用了一些隐秘的策略，在很多人看来，这些策略甚至不应该出现在鸡群中：它们发现食物

---

[1] 我：这里指本文作者史密斯。——编者注

[2] 《老大哥》：Big Brother，是澳大利亚和一些西方国家比较流行的一档真人秀节目，10多个参与者会入住带有泳池、浴室、健身房、按摩浴缸的大房子，其中安置了几百个隐藏摄像机，从不同角度、不同地点来拍摄参与者在屋内的情况。——编者注

时，仅会做出动作，而不会发出声音，这样既能悄悄地发出信号，吸引异性，又不会激怒“统治者”。

地位较低的公鸡改良了展示食物的方式，从而可以秘密地吸引雌性，如此机灵的行为让研究人员颇感惊讶。然而，对于家鸡的“智慧”来说，这些行为只能算“冰山一角”。

为了进一步了解家鸡的复杂行为，史密斯和同事在实验方法和工具中融入了更多高科技元素。家鸡的声音通常过于微弱，以至于史密斯和其他研究人员无法捕捉到，甚至使用更多的摄像机和麦克风也无济于事。他们需要一种方法，能够捕捉到每一只鸡发出和听到的叫声。

最理想的情况是，给每一只鸡佩戴一个小背包，里面装有轻型麦克风，就像记者在户外采访时所使用的那种。但怎样才能找到合适的背包呢？史密斯想到了文胸。她开始收集容易扣上的旧文胸，并且最好是黑色的，这样背在鸡身上就不会过于显眼。史密斯把扣钩和可调节肩带剪下，固定在麦克风上。这个被戏称为家鸡版“《老大哥 2.0》”的临时设备被绑在了家鸡的腰间，以记录鸡发出和听到的声音。

史密斯最想了解的是，家鸡在面对危险时如何做出反应。以前的研究显示，公鸡看到空中的捕食者（例如老鹰）时，有时会发出很大的警报声，这是很让人疑惑的。因为发出长而尖锐的声音会使公鸡的处境变得极其危险，会更容易被发现，进而遭到攻击。一些科学家推测，对于公鸡来说，保护配偶和后代是非常重要的，因此承担这样的风险是值得的。然而史密斯想知道，其他因素是否也会影响公鸡的报警行为。

答案是肯定的。使用了“《老大哥 2.0》”设备后，研究人员监听到了家鸡中最微弱的声音交流，他们发现，公鸡有时会出于自私的原因发出叫声。

家鸡会留意自己和竞争对手的危险程度，如果发出警报时，自己的风险最小，而对手的风险会升高时，它们更愿意发出警报。比如，当自己藏在树丛中，而竞争对手处在空地上，很容易被捕食者捕获时，那么公鸡发出警报的频率会更高。如果运气够好，这样做不仅能保护自己的母鸡，还能“除掉”另一只公鸡。

这个策略叫作“风险补偿”（risk compensation），这又是一个人类也会用到的策略。如果有条件降低风险，很多人都愿意去冒险。比如，当人们系上了安全带，或者安装有防抱死系统，开车就会更快。同样，当一只公鸡认为比较安全时，就会做出更加冒险的行为。

家鸡的温情

随着研究的深入，科学家在家鸡中发现了更多的认知能力。意大利特伦托大学的乔治·瓦洛蒂加拉（Giorgio Vallortigara）已经发现，小鸡能够区分数字，分辨几何形状。比如，看到未画完的三角形，小鸡竟然知道图形完整时应该是什么样子。2011 年，英国布里斯托大学的乔安妮·埃德加（Joanne Edgar）和同事发表的一篇研究报告指出，狡猾的家鸡也有温情的一面——能够理解其他个体的感受。

在埃德加的实验中，母鸡会看到自己的小鸡被一阵气流弄乱了羽毛。这时，尽管气流并不会造成伤害，但小鸡仍会把气流视为一种威胁，并且表现出一些典型的应激症状，包括心率加快、眼温下降等。有趣的是，鸡妈妈察觉到孩子的反应后，也会表现出沮丧的样子，尽管母鸡并未被气流吹到，小鸡也没有受伤。此外，母鸡还会向小鸡发出“咯咯”的叫声。这些发现表明，家鸡可以了解其他个体的感受。以前，人们同样认为这种能力仅是少数物种所有，比如鸦类和松鼠，当然也包括我们人类。

普通的家鸡具有如此高的认知能力，而家鸡与其他具有较高智商的鸟类的亲缘关系较远，这一事实让我们对智力起源产生了一些有趣的思考。也许在动物界，与科学家以往的看法相反，智力并不是一个稀有的、较难进化出的性状，而是相当常见的，只要社会条件允许，智力都可以进化出来。

对于家鸡来说，其非凡的认知能力应该来自它们的野外祖先，也就是生活在南亚和东南亚森林中的红原鸡（red junglefowl）。这种鸡的基本社会结构包含 4~13 个不同年龄的个体，群体关系相对稳定，并且可以长期维持。像其他很多社会性动物一样，每个群体由一雄一雌领导，它们通过控制低等级的个体，占有群体所需的所有资源，不论是食物、空间还是交配权。雄性将大部分时间花在吸引雌性并为它们提供食物上，而雌性则仔细观察雄性的一举一动，通过雄性的行为以及对以往行为的记忆来做出相应的反应，避开那些具有欺骗性或不怀好意的个体。要想维持与母鸡的关系，公鸡的地位非常重要，而围绕母鸡展开的竞争也非常激烈。

群内的竞争不是家鸡进化出智力的唯一压力。它们同样受到群外的一系列威胁，包括狐狸和老鹰等捕食者，对于每一种威胁都需要不同的逃脱策略。不同的情况，促使红原鸡发展出应对不同危险的聪明办法，同时也形成了互相沟通以应对威胁的能力。这些能力仍然出现在现今的家鸡中。

人类吃掉的家鸡可能数以十亿计，而如此之多的认知技能集于这样一种动物身上，自然会引发关于它们所受待遇的争论。作为一种鸟类，家鸡本应以小群的方式生活在野外，但现在却被关入栏中，一个养鸡场有时会饲养多达 50000 只鸡。家鸡的寿命本来为 10 年左右，现在却只能生存 6 个月，然后就会被杀掉，成为人们的肉食来源。这些鸡会被这么早就杀掉，是因为它们经过了遗传选择，会长得很快，但年龄稍微大点，就会受到心脏病、骨质疏松、骨折的困扰。蛋用鸡的境遇稍好，但它们的一生也就

18 个月，并且终生只能待在狭小的空间里。

家鸡从社会性祖先红原鸡那里继承的灵活性和适应性，也许是它们苦难的源头之一，这使得这种鸟类能够在非自然的、恶劣的人工养殖环境下存活。只要人们不关心自己的食物来自何方，不了解家鸡杰出的智慧，这种密集的养殖模式就会一直持续下去。

然而，一些消费者已经开始寻求改变。在欧洲和美国的几个州，如加利福尼亚州，均通过了一些要求改善蛋用鸡养殖条件的新法规。这些法规的通过，主要是基于消费者对健康食品以及提高动物待遇的诉求。在澳大利亚，养殖者会强调自己的动物生活在更优越的养殖环境中，以吸引越来越多重视动物福利的消费群体。然而，我们仍然有许多工作要做，比如肉用鸡的养殖环境在很大程度上并未受到重视。

科学家才刚刚开始揭示家鸡的智慧，但这些故事已经告诉我们，家鸡再也不是人们认为的、又笨又蠢的动物，它们同样有智慧，有策略，甚至有温情的一面。

会开门的母鸡

由于家鸡会观看电视中的个体，我们想到可以借用《007：大破天幕杀机》和《泰坦尼克号》中的特效技术，制作出 3D

的虚拟公鸡。利用这只虚拟公鸡，研究人员可以弄清楚家鸡各种动作所蕴含的意思，观测家鸡对彼此的认知。这种方法也可以揭开一个长久的谜团，那就是公鸡为什么有肉垂。肉垂是指公鸡喙下松垂摇晃的皮肤。当公鸡发现食物，做出一些特别的动作时——即告知母鸡自己发现了食物的一系列头部运动，肉垂会前后摇动，如果它的行为过于激烈，肉垂甚至会左右摇晃拍打头部。

数十年的研究始终未能发现肉垂给公鸡带来的利益。本文作者史密斯认为，肉垂可能会使公鸡在传递食物信号时，动作更为明显，在吸引母鸡方面会更有优势。不过，史密斯无法通过切除肉垂来观察公鸡的反应，以此验证上述假设。替代方法是，她制作了一只动画公鸡，能够根据指令，向真实的母鸡做出展示食物的动作，并且她还可以调节肉垂的大小，然后观察母鸡的反应。

结果证明，对母鸡来说，肉垂如同一面红色的旗子，让它们更容易看到发现食物的公鸡。而对公鸡来说，这一装饰物会让它们付出些许健康的代价，因为较大的肉垂势必需要个体分泌较多的睾丸激素，这会削弱免疫系统，但长期来说是值得的，因为这能帮助它获得配偶。

有时，家鸡的智力使得研究它们很有挑战性。有几次，鸡的行为会与研究者的预期不同，从而导致实验失败。在一个展示食物行为的实验中，史密斯改进了步骤，让一只母鸡观看一只找到食物的公鸡的视频，但母鸡必须待在一扇遥控门后等待。一只佩戴有“07”号橙色带子的母鸡（也因此被研究人员称为“007”）因常常制造麻烦而颇受研究人员“关注”。在等待遥控门打开的过程中，“007”因不耐烦，而开始“研究”遥控装置。很快，它小心地拉动了控制门闩的线，门打开了，而“007”如愿靠近了拥有食物的公鸡。经过这一次后，它再也不安于等待门开了。尽管研究人员数次改变了门闩的结构，但“007”总能发现机关。

狗的世界

朱莉·赫克特（Julie Hecht）
樊亦非　译

大多数人并没有自己想象中那样了解狗。我们自以为懂得不少，但却常常依赖老掉牙的理论，而却忽视了狗的实际行为。我们应该试着从狗的视角来思考生活。这些外表可爱的犬类动物有着怎样的心理世界？下面的几个故事便展示了科学家们对此做出的一些有趣探索。

向后躺倒的含义

一只狗正在玩耍，却突然翻身向后躺倒，这是像人类认输求饶那样表示屈服，还是具有完全不同的其他意思？加拿大莱斯布里奇大学的克丽·诺曼（Kerri Norman）及其在该校和南非大学的同事们开展的一项研究支持了后一种观点。他们的报告发表在 2015 年《行为过程》（*Behavioural Processes*）的犬类行为特刊中。

对狗与狗玩耍期间行为含义进行研究并不是什么新鲜事。例如，你可能听说过游戏信号可以帮助狗区分什么行为是嬉戏玩乐，而什么不是。这些信号大概传达着这样的信息："嘿，当我咬你的脸时，并不是说'我在咬你的脸'，而只是为了好玩罢了。瞧，为了清楚说明这一点，我会先弓起身子示意。这多有趣！"游戏信号还可能包括夸张的、充满活力的动作或"游戏表情"。这些游戏信号标志着游戏的开始或持续，而且会出现在含义模棱两可的行为（例如咬、扑或攀爬）或任何可能被误认为不是游戏的行为当中。然而，并非所有狗在与同类玩耍期间表现出的行为都得到了充分研究。

游戏之外狗的翻身躺倒行为则通常被视作一种表示顺从的姿态，能减少或避免另一只狗的攻击。瑞士巴塞尔大学的鲁道夫·辛根（Rudolf Schenkel）在其 1967 年发表于《美国动物学家》（*American Zoologist*）上的一篇经典论文中，将这种所谓的被动服从描述为"某种胆怯和无助"的表现，就像人类举起双手或挥舞着白旗认输投降。

有些人提出，狗与狗游戏中的翻滚行为是为了避免侵略攻击。站在场边观察狗玩耍的主人通常会更进一步地认为，躺倒在地时间更长的一方是“顺从的”或“处于从属地位的”，而其上方的狗则是“占据支配地位的”。

但是，如果游戏过程中的翻滚行为有不同的含义呢？诺曼和她的同事们想知道，在游戏中“翻身躺倒并采取仰卧姿势”是否是一种“屈服行为”，是否有助于停止双方间的互动或阻止对方随后的攻击。或者，他们推测，也许这一行为本身就是好玩的，“出于战斗目的而在战术上执行”，以此来推进游戏过程，避免被咬（防御策略）或主动咬着玩（进攻策略）。

他们收集了两种不同情况下的数据：其一是阶段性游戏活动，由一只中型母狗分别与 33 只不同品种和体型大小的新游戏伙伴配对；其二是 20 个两只狗一起玩耍的 YouTube 视频，且在其中一半的视频里配对的两只狗体型大小类似，而另一半里的两只狗体型不同。

并非所有被观察的狗在玩耍时都会翻滚，特别是在阶段性游戏中，只有 9 只在玩耍时翻滚过。在 YouTube 视频中，40 只狗中有 27 只翻滚过，而且在体型相似和体型不同的配对中都出现了该行为。如果你的狗在与你玩耍时并不会翻滚身体，那么请不要感到奇怪，很多人也会遇到这种情况。

对于狗来说，这一行为意味着什么？研究者查看了所有翻滚行为的实例，以了解打滚是否与服从——表现为减少玩耍、保持被动，或由“较小或较弱”的一方实行——有关，抑或恰恰相反，与玩耍的互动性、有趣性和好斗性有关。在玩耍中，打滚先于“发起攻击（进攻）、躲避颈背啃咬（防御）、在潜在合作伙伴面前打滚（恳求）或在非社交环境中翻身（其他）”发生。

结果显而易见：两个玩耍伙伴中体型较小的一方并不比另一方更有可能翻身打滚。此外，“大多数翻滚都是防御性的，248 次翻滚行为中没有一次表达了顺从的意思。”研究者发现，这项研究中大多数玩耍性的翻滚都属于游戏打斗（这意味着这种打斗本身是为了好玩，而不是真的为了战斗）。

但是，会不会有这样一种可能：狗一旦躺倒在地，就会开始屈服？例如，一只狗可能会仰卧以避免颈部咬伤，然后一动不动地躺着，表现出被动的屈服。但是，狗并不会这样做。相反，躺下后呈仰卧姿势的狗不但避免了另一只狗闹着玩的啃咬，而且还会反过来向对方发起攻击。

换一种思路来考虑，玩耍中的翻滚也可能是一种自我控制行为，有助于使不同体型或社交能力的狗一起玩耍。自我控制有助于玩耍，它意味着狗正在缓和自己的行为。例如，在玩耍过程中，它们不会使出全力来啃咬，体型较大的狗可能会翻身打滚以便让较小的狗扑到它身上或咬它。有些狗甚至会通过这种行为邀请另一只狗来咬自己，并恳求对方和自己一起玩耍。

因此我们并不能肯定地认为，一只在游戏中悄悄躺倒在地的狗实际上是在表达“你太强壮了”或者“好吧，这一轮你赢了！”在某些情况下，这种姿势的确与恐惧或化解攻击有关，但新近的研究提醒我们，翻身打滚与许多行为一样没有单一的普遍含义。相反，在通常情况下，这只是好玩而已。

当狗不愿玩耍

你或许听说过这样一句话：“人生苦短，请及时逗狗。”“好的！”你心里想，“我会这么做的！”毕竟狗会一起玩耍到它们筋疲力尽。它们也会跟人类一起玩，尽管并不总是如此。你有没有试过逗狗玩，但它却对你爱答不理？“这只狗不对劲，”你可能会这样想，“可真没趣儿。”

不要急着责怪它。研究表明，可能是你自己逗狗的方式不对。

2001 年，英国布里斯托大学的动物福利及行为研究员妮可拉·鲁尼（Nicola Rooney）和她的同事想知道狗是否会对人类的游戏信号做出反应。在这项研究中，志愿者在其舒适的家中与自己的狗玩了五分钟，整个过程被摄像机录了下来。这群狗主人被要求“像平日里那样”与他们的狗互动，但关键是：不能使用任何物品或玩具。

游戏环节结束后，研究人员观看了录像，并记录下了狗主人们为了开启或维持游戏而做出的行为。他们找出了 35 种逗弄狗玩耍的常见游戏信号，包括拍地板、拍手、推搡、击打或拍打狗，还有像狗那样弓起背。还有人向狗吹气、“汪汪”叫或握它的爪子。当然不能漏掉我最喜欢的一种行为——“蜘蛛手（hand spider）”，即狗主人移动自己的手或手指来模仿昆虫或其他生物的运动。

狗主人发出的游戏信号有没有奏效呢？更具体地说，那些常用的信号是否比很少使用的信号更有效？

鲁尼和她的同事们发现，在 35 种最常见的游戏信号中，信号的流行程度“与其在开启或维持游戏方面的成功率无关”。例如，狗主人们最常使用的信号是拍地板，但只有在 38% 的情况下，狗才会对这个信号有所反应并与人游戏。揉搓狗的脖子和拍手等其他常用的邀请行为也不太成功。而抱起或亲吻狗等一些行为在逗狗实验中的成功率则为零。

别丧气，有些结果还是令人欣慰的！一些逗狗行为异常成功。研究人员发现，追逐、逃跑和向前冲刺都与玩耍 100% 相关。发出“向上”的信号（拍打自己的胸部以诱导狗跳起来）、抓住或握住狗的爪子也取得了很好的效果。

该研究的结论有些让人灰心丧气：“我们认为，人类经常使用无效的（游戏）信号。”与其责怪狗表现差劲，人们或许可以评估自己行为的效果，认识到某些信号的确比其他信号更能使狗做出游戏反应。

任职于德克萨斯理工大学人类与动物互动实验室的亚历山德拉·普罗托波娃（Alexandra Protopopova）和她在亚利桑那州立大学犬科学合作实验室的同事们强调，人类发出的无效游戏信号还会产生令人忧伤的负面结果：它可能会阻碍人们收养收容所中的流浪狗。研究者发现，当潜在的领养人与其选中的流浪狗进行一对一会面和问候时，只有两个行为变量能够预测这只狗的领养成功率：躺在潜在领养人的脚边，以及回应人们发出的玩耍邀请。靠近人躺着的狗被收养的可能性是平均情况的 14 倍，而那些忽视了由人发起的游戏信号的狗则不太可能被收养。

综合起来，这两项研究描述了一种可能对流浪狗不利的情景：人们使用的游戏信号并非总是奏效，但人们不太可能领养那些对他们发出的游戏信号没有回应的狗。这对双方来说都不是好事。

普罗托波娃和她的同事们随后又进行了一项研究，发现当明确要求潜在的领养人玩狗喜欢的玩具时，不仅社交游戏发生的次数增加了，领养成功率也升高了。

当我想到收容所里的狗要去接受一对一的面试，我便希望潜在的领养人可以给它们一些宽容，如果它们对游戏邀请并不领情，也不要去责怪它们。一只狗是否会与刚遇见的陌生人玩耍，可能被无数种因素所左右。此外，收容所里常见的混乱环境和古怪气氛并不怎么适合嬉戏玩乐。

与狗初次见面，请保持适当的期待，不要急躁。对于收容所里的狗而言，你们的第一次见面就好比“闪电”约会，影响深远而意义非凡。也请你像琢磨它们的行为那样，反思自己的游戏行为吧。

那真的是愧疚吗？

和狗一起生活，你最有可能见识过的就是它那副“内疚模样”。你迈进家门，发现植物被撞倒在地，地上到处是泥土。而你的爱犬则异常安静，目光游移，尾巴缓缓地拍打着地面，发出砰砰声响。

不过，狗是否会觉得眼前的一片狼藉是它的责任呢？它会因为没有乖乖听你的话而感到抱歉吗？这个问题很难回答。根据迄今为止的研究，包括今年早些时候发表的一项公开研究，答案是否定的。此外，研究结果还表明，责骂或惩罚狗并不一定会让它们停止调皮捣蛋。

狗主人们在描述一只狗内疚的样子时表示，除了呆住不动、移开视线和甩尾巴以外，狗可能还会试图让自己看起来更娇小，并且会摆出不具威胁性的姿势。有些狗可能会抬起一只爪子或以较低的姿态接近主人，另一些狗则会退踞一旁。

人们很容易认为，如果一只狗的行为类似于我们在感到内疚时的所作所为，那么它也必然因明白自己犯了错而感到愧疚。但是，这些行为却被动物行为研究人员和专家描述为服从、求和、焦虑或恐惧的反映。社会性物种（例如狗和野灰狼）会在许多不同的情境中采用这种表现方式，以此减少冲突、平息焦虑和加强社会联系。

当我们这群研究人员为了更好地理解狗的概念体系而展开实验时，我们经常会发现，尽管它们的行为可能看上去很像人类，但它们对眼前的世界发生了什么可能有不同的理解。在这种情况下，当你的狗露出一副内疚的表情，它可能并非感觉内疚，而是感到了一种普遍存在的焦虑或恐惧，又或是它希望避免触发你的愤怒或沮丧情绪。

2009 年，《一条狗的内心：狗的视觉、嗅觉和认知》（*Inside of a Dog*: *What Dogs See*, *Smell*, *and Know*）的作者，巴纳德学院的亚历山德拉·霍罗威茨（Alexandra Horowitz）在《行为过程》上发表了一项研究，探讨了在狗露出看似是内疚的表情之前到底发生了什么。通过改变狗的行为（吃或不吃禁止食用的食物）和主人的行为（责骂或不责骂），霍罗威茨分离出了与内疚表情相关的因素。她发现，狗犯了错时，并没有出现更多的内疚表情。相反，当狗被主人责骂时，那种内疚表情则复刻般地突然显现。她进一步发现，当被训斥时，那些没有吃过食物但仍然被指责的狗做出了最夸张的内疚表情（因为主人认为它已经吃掉了食物）。举例而言，这意味着在一个养了好几条狗的家庭中，很可能一只从未逾越主人规矩的狗看上去却是内疚的。

我在和来自布达佩斯罗兰大学“家犬计划”的亚当·米克洛希（Ádám Miklósi）及玛尔塔·加奇（Márta Gácsi）所进行的后续实验中发现了类似的结果，研究成果发表于 2012 年的《应用动物行为科学》（*Applied Animal Behaviour Science*）。桌上的食物是给人吃而不是给狗吃的，但当主人不在场时，狗便有了机会违反这一规则。主人回来后，那些偷吃了食物的狗并非比那些有节制的狗更有可能展现出内疚的表情。这种情形下，如果没有主人的训斥，便不会有内疚表情出现。我们还研究了主人是否比其他人更能判断出他们的狗有没有乖乖听话。那些曾看到过自己的汪星人伙伴遵守规矩的主人，并不能更好地辨认出他们不在时狗的违规行为。

“等一下，可是我曾经见到过我的狗在被训斥之前就假装内疚了，”爱找茬的人会这样反驳道。狗主人常常会将这理解为是狗“知道”自己做错了。这个问题比较复杂，但是根据现有的研究，狗在感到某件事会惹得主人不开心，或希望避免与主人的关系中出现裂痕时，就会做出看似是内疚的行为。

剑桥大学的耶尔卡·奥斯托伊奇（Ljerka Ostojić）和尼古拉·克莱顿（Nicola Clayton）以及克罗地亚里耶卡大学的姆拉登卡·特卡尔契奇（Mladenka Tkalčić）在 2015 年发表于《行为过程》上的一篇开源文章中，讨论了一只狗的内疚表情是否可能由环境信号（如禁止食用食物的消失）所激发这一问题。奥斯托伊奇他们利用与霍罗威茨所用的些许相似的操作方法，发现内疚表情并不受狗的自身行为（吃或不吃食物）或食物是否出现的影响。在他们的实验背景下，如果没有狗主人的责备，狗就不会展露内疚表情。

与此同时，这项研究没有排除掉一种情况：在家庭环境中，狗主人很有可能在训斥狗之前就看到了这种“臭名昭著”的表情。20 世纪 70 年代末，美国威斯康星州的一位兽医发表的一篇研究提供了将恐惧感伪装成愧疚感的清晰例证。一只名叫妮基的狗喜欢在主人不在时撕纸玩儿。为了弄清楚这只狗看似内疚的行为是否真的源于内疚感，这位兽医让妮基的主人将纸撕碎，离开家后再回家。当主人回来后，妮基看起来很“愧疚”，即便它并没有犯错。狗对环境和社交中的信号异常敏感。在这个案例中，妮基显然把地面上的纸屑看作是被主人训斥的前兆。

“证据 + 主人 = 麻烦。”灵长类动物学家弗兰斯·德瓦尔（FransB. M.de Waal）在他的著作《天性善良：人类及其他动物是非观的起源》（*Good Natured*: *The Origins of Right and Wrong in Humans and Other Animals*）解释道。作为一种想要维系社交关系的社会性物种，狗可能在主人训斥之前就显示出顺从的姿态，而不是产生愧疚或抱歉的感觉。这种顺从是为了获得抚慰与和平，而这的的确确可能有这种效用。我在一项针对狗主人的问卷调查研究中发现，将近 60% 的受访者表示，内疚表情让他们不再忍心去训斥他们的狗。

你或许会疑惑，为什么我们如此执着于对狗的愧疚感的错误归因。正如我曾在渡渡鸟[⊖]上所说的，这关乎于狗的幸福：“当你生气或原谅了那只因为弄乱了你的房间而‘内疚’的狗时，你忽视了更深层的问题。解决了这些问题，就能减少或根除狗的行为问题。你的狗感到无聊吗？感到害怕吗？感到焦虑吗？你的日常生活是否发生了什么改变，从而让它产生了疑惑？不幸的是，训斥狗通常不会改善它们的行为。如果要说有什么变化，那也只可能是，它们的内疚表情随着时间的推移而变得越来越夸张，因为困惑的它们进入了一种崩溃与平和循环出现的焦虑状态。”

更糟糕的是，在了解事实后训斥一只露出愧疚神情的狗，不仅会给你一种你们互相理解的错觉，还会让你误认为自己是在有效地惩罚它的负面行为。根据定义，惩罚可以减少未来出现某种行为的次数。不幸的是，研究证明训斥一只“不听话”的狗，特别是在它调皮捣蛋之后训斥它，并不会显著减少“坏”行为的发生。20 世纪 60 年代末的一项研究表明，在触犯了禁止事项后 15 秒内就被训斥的狗会继续犯错，而且即便它表现出了讨好和与畏

⊖ 渡渡鸟：thedodo.com，美国一家专注动物及动物权益的网站。——译者注

惧相关的行为，也依然会不听话。

事后训斥并不奏效。最好将狗的愧疚表情视作是恐惧与求和讨好的信号。遇到这种情况，还是收拾好残局，想想以后该如何不让悲剧重演才是。

狗为什么喜欢人类?

你有没有好奇过，为什么狗会如此喜欢我们人类?为什么布鲁托随时都有可能会扑到米老鼠怀中，伸出舌头把他舔来舔去呢[㊀]？为什么有些狗跃跃欲试，想要结识所有人，而另一些狗则希望生人勿近?

由安娜·基什（Anna Kis）和梅琳达·本斯（Melinda Bence，当时两人都任职于布达佩斯罗兰大学的“家犬计划”）领导的研究小组，在 2014 年发表于《公共科学图书馆》杂志（*PLoS ONE*）上的研究中，利用一种新奇的方法探究了催产素在狗对人类的社交中所起的作用。

也许你听说过有人把催产素称为“爱情激素”，因为它与社交互动、压力缓解和与他人的联系感有关。花些时间抚摸你的狗，抓挠布鲁托的身体和耳朵，你们往往都会发现血液中催产素水平有所升高，这对你们俩来说都是一种积极的体验。然而，催产素

㊀ 布鲁托是米老鼠的宠物狗，二者均为迪士尼动画里的经典角色。——译者注

也不简单。科普作家埃德·扬（Ed Yong）在2012年*Slate*[㊀]上的一篇文章中指出：“‘爱情激素’在某些情况下会培养信任和慷慨，但在其他情况下会催生嫉妒和偏见，它会对不同的人产生相反的影响。”其中的部分原因可能是编码催产素受体（在大脑神经细胞上与催产素结合的分子）的基因变异，从而使社会行为出现差异。

为了探究布鲁托对米奇和“人”的热情总体上是否与布鲁托的基因有某种关联，基什和她的同事们采用了下面的方法：

步骤一，了解狗的催产素受体（OXTR）基因。在这项研究中，研究人员选取了德国牧羊犬和边境牧羊犬两个品种，并通过擦拭其脸颊内侧来提取DNA。这一过程最终确定了OXTR基因的三种变体，每种变体各自有两种形式，这些形式似乎会对行为产生不同的影响。这三种变体，或者说是“多态性（polymorphisms）”，具有非常简单的名称：-212AG、19131AG和rs8679684。

步骤二，了解狗如何与人互动。200多只属于德国牧羊犬或边境牧羊犬的伴侣犬与人进行了一系列特定互动。这些互动测试调查了狗如何向熟人和陌生人打招呼、如何对陌生人隐含威胁的接近作出反应，以及当主人躲到大树后面时狗会做何反应。

步骤三，将狗的基因与行为结合起来。研究人员检查了

㊀ *Slate*：网络杂志《石板》。——编者注

OXTR 多态性与狗在社交测试中跟人互动的方式之间是否存在某种关系。他们尤其感兴趣的是，狗有多乐意靠近人，它们的友善程度又如何。

基什在阐述结果时说："狗对人类的行为方式受到催产素受体基因的影响，至少在德国牧羊犬和边境牧羊犬中是这样的。"例如，就 -212AG 基因而言，携带了这种被称为 G 变体（或者说是等位基因）的德国牧羊犬和边境牧羊犬，对与人相处的兴趣低于那些携带了 A 等位基因的同品种牧羊犬，这表示催产素受体基因对两个品种产生了相同的影响。

然而对基因 19131AG 和 rs8679684 的分析则显示，它们在这两个品种中产生了相反的趋势。例如在 19131AG 多态性中，研究人员报告说，"与 G 等位基因相反，A 等位基因的存在与德国牧羊犬的较高友好度得分和边境牧羊犬的较低友好度得分相关。"这种相反的效果表明"除了我们的候选基因之外，其他遗传和细胞机制（本系列研究未探讨）可能对控制这种行为发挥了作用。"

总之，该研究表明，狗对人表现出的社交性与其具有的 OXTR 基因的多样性有关，而催产素只是那个使狗对人类产生感情的"庞大系统中的一小部分"。

或许某些分子相互作用能够解释特定受体的变体对犬类面向人类的行为的影响。该系列研究的下一步便是重复和探索这些可能的分子相互作用。

你的狗爱你吗？

你爱你的狗。那么它也爱你吗？一组来自瑞典和丹麦的研究人员试图回答这个问题。更具体地说，考虑到狗十分了解人类发出的提示信号，研究人员猜测，那些与自家宠物相处愉快的主人所养的狗，可能也感受到了这种亲密，这或许是因为主人的友善态度会使双方之间产生更多正向互动。

在一项由瑞典农业科学大学的特蕾莎·雷恩（Therese Rehn）主持，于2014年1月发表于《应用动物行为科学》上的研究中，研究员将每只狗都与其主人一一配对，形成了20组研究对象。所有主人都完成了一份名为蒙纳士狗主人关系量表（MDORS）的问卷，这份问卷旨在以主人的视角评估与狗之间关系的强度。MDORS包含28项指标，分为3个子量表。第一个子量表评估狗与主人互动的性质（“你多久拥抱一次你的狗？”），第二个子量表反映主人对自家狗的情感亲近程度（“我希望我和我的狗永不分离”），第三个子量表则关于照料狗所需的可感知的投资（“我的狗花了太多钱”）。

这些狗被推入了一种修改版本的爱因斯沃斯（Ainsworth）“陌生情境”程序。“陌生情境”程序是一项巧妙的实验，最初旨在衡量人类亲子关系的强度。它的重点在于让一个孩子或一只狗单独留下来与陌生人待在一起。在犬类版本的实验中，一开始主人会坐在椅子上且忽视狗的存在。几分钟后，一位陌生人会走进房间，不理会狗而与主人交谈。接着，陌生人尝试和狗玩耍，然后主人悄悄地离开了房间。陌生人会继续让狗玩耍，然后离开，留下狗独自待在房间里。主人回来后，会向狗打招呼，然后又继续无视它。陌生人回来后，也会向狗打招呼，接着也无视它。最后，主人再次离开。

当对人类幼儿进行实验时，令人稍有不安的“陌生情境”会激活一种人类与生俱来的适应性系统，这种系统能促使孩子去父母那里寻求安慰。通过对孩子进行仔细地观察，并对其寻求安慰的行为与他们更独立的探索行为进行权衡，研究人员便可以确定孩子是否对父母具有安全的情感依赖。越是感觉安全地依赖着父母的孩子，越有可能在有压力时去亲近父母，然而一旦他们感到舒服自在，他们也更有可能会独立玩耍。

研究人员预测，那些由自认为与宠物间的关系很强的主人所养的狗，在测试中会表现出与主人之间强烈的感情纽带。然而，他们只发现了两个显著的相关关系。当狗在独处之后与主人团聚时，那些主人报告与宠物有许多互动的狗会更多地寻求这种互动——这看起来似乎像是强烈情感依赖的表现，但实际上也可能反映了对之前所发起的身体接触的奖励。与安全依赖着父母的幼儿不同，有着这种主人的狗在陌生情境之下，比其他狗更不可能独立玩耍。它们就像是没有安全感的年轻人。然而，狗不是孩子，也没有表现出不安全依附的孩子所出现的分离焦虑。因此，后一项发现很难解读。

这项研究标志着人们首次尝试科学地探索狗对于它与主人间情感联结的看法，与主人对自身与狗间情感联结的看法之间的关系。对于所有确信自己的狗也爱他们的爱狗人士来说，有一个坏消息：MDORS 问卷中“可感知的情感亲密度”分量表与狗在陌生情境下的行为并没有相关性。研究人员直截了当地表示：“没有证据表明，因为某人对自己的宠物狗有很强的情感纽带，所以他/她的狗也对主人有相似的情感依赖。你不能简单地通过加倍爱一只狗来迫使它也爱你。”

狗叫传达了什么信息?

尽管有时你的狗发出的声音可能不受欢迎，但这些声音所携带的信息和意义比你想象的要多得多。近些年来，许多科学家都对伴侣犬所发出的声音进行了研究。

其中一项重要发现是：在不同的环境中，狗叫声也有所不同，而且我们可以分辨出其中的差异。索菲娅·尹（Sophia Yin）和布兰达·麦考恩（Brenda McCowan）于 2004 年在《动物行为》（*Animal Behaviour*）上发表的一项研究报告称，“干扰吠叫”（陌生人按门铃时发出）的叫声不同于“隔离吠叫”（当狗与主人分开时发出）和玩耍时发出的叫声。这几种情况声学特征都不尽相同：干扰吠叫“相对低沉、刺耳，音调或响度几乎没有变化”，而隔离吠叫“比干扰吠叫的音调更高，音调更丰富。频率调制更多”，玩耍吠叫则“类似于隔离吠叫，不过通常成串出现而不是单独出现。”

多加留意，不要将吠叫视作无意义的噪音。你家的“大黄”之所以狂叫不止，可能是因为它正独自待着，又或者是因为它已经注意到有位不速之客正在从二楼的窗户爬进来。

狗叫声所含的信息量极大，那么低吼声呢？英国萨塞克斯大学的安娜·泰勒（Anna Taylor）和同事们发现，与吠叫声不同，狗在玩耍或攻击性情景中发出的低吼声有许多相似的声学特性，但是攻击性情景中的低吼时间更长，而玩耍中每一次低吼之间的停顿时间更短。尽管不同情景下的低吼声在我们听来可能都差不多，但任职于布达佩斯罗兰大学“家犬项目”的塔马斯·法拉戈（Tamás Faragó）及其同事们发现，低吼对于狗与狗之间的交流具有重要意义。

在 2010 年发表于《动物行为》杂志上的一项研究中，一群狗被关进了一个房间，房间里有一只骨头；当它们靠近骨头时，研究人员播放了这三种不同类型低吼声之一的录音。这些狗会远离骨头以回应表示“这是我的食物”的低吼声，并且在大多数情况下忽略了表示“外来者走开”和玩耍的低吼声，因为这些声音与骨头无关。所有低吼声都有不一样的意思，狗知道这一点。

尽管不是所有的低吼都与侵略有关，但我们也不应该忽视攻击性的低吼。如果你听到了可能预示着攻击的低吼声，请保持冷静。《驯犬师指南（速效小技巧）》（*The Dog Trainer's Guide to a Happy, Well-Behaved Pet*（*Quick and Dirty Tips*）的作者乔兰塔·贝纳尔（Jolanta Benal）提醒说：如果你因为狗低吼而惩罚它，那么你实际上是在惩罚它发出警报的行为。低吼是一种与特定情景下情绪或内在状态相关的交流形式。如果你想要制止狗的低吼，不如想想是什么促使它低吼。低吼行为本身并非问题所在。

当心恐惧感

知道狗什么时候感到高兴很容易，但觉察到它们的恐惧感却要困难得多。应用动物行为学家米歇尔·万（Michele Wan，音译）和她的同事们在研究人们对狗的情绪的看法是否因自身经验而异时证实了这一点。在这项 2012 年发表在《公共科学图书馆·综合》（*PLoS ONE*）上的研究中，他们将报名参与实验的人们分为“很少或从未与狗相处”“过去曾与狗一起生活过”或“与狗一起工作超过或少于 10 年”三组。这些参与者观看了简短的狗视频片段，然后对视频中狗的情绪状态进行分类，并指出哪些身体部位泄露了它们的情绪。视频并没有声音，因此参与者只能依靠行为表现来标记它们的情绪状态，比如害怕或快乐。这些视频并不是随意录下的，而是由犬类行为学专家事先筛选出的。这些有相关教育经历或从业经验的人能够基于科学评估动物的行为。

实验证明，狗的快乐最容易被识别出来。面对一只在雪地里嬉戏玩耍或躺在地上愉快打滚的狗，即使是没有多少养狗经验的人，也会将它描述为快乐的。

但恐惧则不同。与狗主人和有一些养狗经验的人相比，身为专业人士的参与者能够更好地识别出感到狗的恐惧。“无论这些专业人士是刚刚入行，还是与狗一起工作不到 10 年，又或是拥有 10 年及以上工作经验的资深从业者，他们识别恐惧感的能力都同样卓越。”

这些专业人士做得更好的其中一个原因可能是，为了寻找线索，他们观察了狗身上更多的部位，例如眼睛、耳朵、嘴巴和舌头。而非专业人士只查看了极少处身体部位，并且不太可能留意到狗的面部特征。

幸运的是，你可以学习如何留心和解释细微的犬类行为。事实上，即使你养的狗是整个地球上最快乐的狗，你也仍然应该留意恐惧感的出现，特别是当你的狗和其他狗有过互动时。辨认出另一只狗的恐惧感可以帮助你意识到，你该给那只狗留出一些空间。接下来的事便可以交给它的主人处理。

感到恐惧的狗会有什么行为表现？这可能涉及多种多样的身体部位和姿势。万及其同事们解释说，“感到害怕的狗会缩小它们的体型——蹲下蜷缩起来，把竖起的耳朵放平，尾巴保持在低处。与恐惧感相关的其他行为包括：发抖、打哈欠、分泌唾液、呆住不动、气喘吁吁、举起爪子和发出声音。”

我们可以帮助狗减轻恐惧感。首先，你需要觉察到恐惧感和与其相关的行为；和识别同样重要的是，要调整动物对引起它们恐惧感的外部刺激的感知。想象一只狗，它害怕所有来到家里的新面孔，从邮递员到你最好的朋友。但是现在，每当有人来到家里时，它都会得到它最喜欢的食物。通过对抗条件反射作用，随着狗将来访的人们与好事（该情况下即美味的食物）联系在一起，访客逐渐有了新的含义。伴随着狗的情绪发生的相应变化，它的行为也会发生变化——恐惧的姿态逐渐消失了，它正在期待好事发生，它正在心中激动地呼喊：“天哪！来了新访客！！太棒了！！”从此，它便成为一条幸福快乐的狗。

动物也会悲伤

芭芭拉 · J. 金（Barbara J. King）
冯泽君　译

在希腊阿姆夫拉基亚湾（Amvrakikos Gulf）的一艘科考船上，琼 · 贡萨尔沃（Joan Gonzalvo）曾目睹一只雌宽吻海豚（bottlenose dolphin）的悲痛。它逆着水流，不断用鼻子和胸鳍推着它的幼崽远离科考船，像是想把它的孩子摇醒，可惜幼崽已死，徒劳无功。幼崽暴露在烈日下，皮肤很快就开始腐烂，雌海豚不时地清除从尸体上散落的死皮和组织。

当雌海豚的这一行为持续到第二天时，贡萨尔沃和同事开始为它感到担心，不仅仅是因为它不停地照看着幼崽的尸体，更是因为它一直未曾正常进食，这对海豚这种代谢率很高的动物来说是很危险的。这群生活在阿姆夫拉基亚湾的海豚共 150 只，后来又有 3 只游到这对母子附近，但都既不打扰，也没参与。

这件事发生在 2007 年，当时贡萨尔沃是意大利米兰特提斯研究所（Tethys Research Institute）的海洋生物学家，通常碰到幼海豚尸体，他会收集回来做研究之用，但那一次，他决定放弃。2017 年，他跟我说，“我这么做是出于尊重，我研究宽吻海豚十多年，有幸见证如此母子情深。我更愿意静静注视这自然流露的一幕，不想影响或打扰这位悲伤的母亲。我认为我所见到的，就叫悲伤。”

海豚妈妈真的是在为孩子的去世感到悲伤吗？如果是在十年前，我不会这么认为。作为一名研究动物认知与情感的生物人类学家，我会为这位母亲的行为感到心酸，但不会认为这种行为代表哀伤。与其他动物行为学家一样，我会用更中性的表述来描述这一行为，比如“对其他动物死亡所表现出的异常行为”。毕竟，海豚母亲的焦躁表现，也很可能仅仅是由于幼崽的异常表现让它觉得很困惑。那时候，把人类情感（诸如悲伤等）投射到动物身上，会被认为是一种过度的同理心，是不科学的。

但时至今日，尤其是为完成《动物如何悲伤》（*How Animals Grieve*）一书，进行了为期两年的研究之后，我认为贡萨尔沃是对的。过去这些年，通过总结大批关于动物对死亡反应的研究，我吃惊地发现，从鲸类、巨猿到大象，从耕畜到宠物，都会不同程度地对“亲友”的死亡展现出悲痛之情。覆盖物种广泛，有些与人类亲缘关系甚远。这不由让我感到，这种对至亲逝去感到悲痛的能力，也许有着深远的进化根源。

定义悲伤

除了在亲代养育、生存和繁殖时外，动物是否还存在其他情感反应？关于这个问题，早在200年前的达尔文（Charles Darwin）时代，科学家就开始争论不休。达尔文认为，基于人类和其他物种在进化上的亲缘关系，很多情感体验应该是共通的。比如，他认为猴子能悲会妒，有喜有忧。但这种观念很快就淡出主流观点之外。20世纪初，行为主义开始大行其道，这种理论认为，只有实实在在能观察到的行为，才有研究价值，凭空猜测没有意义。后来，基于长期对拥有较大脑容量哺乳动物的实地研究，动物情感派又渐渐复苏。

珍·古道尔（Jane Goodall）曾详细记录了一个发生在坦桑尼亚的、令人揪心的故事：妈妈弗洛（Flo）死后，小猩猩弗林特（Flint）悲恸万分，身体逐渐衰弱，几周后即随母逝去。肯尼亚的辛西娅·莫斯（Cynthia Moss）也曾报道，大象会照料将死的“亲友”，还会轻抚逝者的遗骨。由此，野外生物学家和人类学家开始探究，动物是否真的能感到悲痛，如果能，又是如何表现的呢？

要研究动物的悲痛，科学家必须先给出“悲痛”的明确定义，以区别于其他情感。对于同伴的死亡，动物会有多种行为反应，只有满足以下条件这些反应才能被看作属于悲痛的范畴：首先，两个（或更多）研究对象生活在一起绝不仅仅是出于求生目的（如觅食和交配等）；其次，其中某一动物死后，同伴日常行为有所改变，比如食宿时间减少、出现表征抑郁或焦躁的姿势及表情，日渐颓萎。看起来，达尔文当时并没有将悲痛与哀伤细分开来，其实两者的强度还是有很大不同，与哀伤相比，悲痛更深刻更持久。

不过上述定义也并不完善。一方面，我们很难界定怎么才算痛得“更深刻”——不同物种的悲痛标准是否有差别？人类能否识别出其他动物的悲伤？这些问题目前还无法回答。还有一点，母亲或其他长期为不幸死亡的幼崽提供食物和保护的照顾者，还不能说是满足上述第一条标准（超越求生行为），但丧崽又确属大悲之痛。

为了完善这一定义，我们需要进一步研究动物的哀悼行为。通过观察动物对“亲友”死亡的反应，我们对此有了更深入地理解。比如，非洲原始森林里的狒狒妈妈和黑猩猩妈妈，有时候会连续数天数周甚至数月，将自己幼崽的尸体带在身边，寸步不离。这看起来似乎像是代表悲痛，但它们又没有表现出明显焦虑或痛苦的样子。如何判断呢？我们只能认为，一旦动物重新恢复日常行为，如交配等，即算已走出悲伤。

动物哀歌

按照上述定义，很多动物都曾表现出悲伤反应，甚至包括大象。其中一个很经典的例子，当数伊恩·道格拉斯－汉密尔顿（Iain Douglas-hamilton）小组在肯尼亚桑布鲁国家自然保护区（Samburu National Reserve）对大象进行的跟踪报道。道格拉斯－汉密尔顿是大象保护组织“援救大象”（Save the Elephants）的一员。2003年，他的小组曾追踪记录象群对一只奄奄一息的年长母象的行为反应。这只母象名叫埃莉诺（Eleanor），当时它身体渐渐不支，即将倒地。旁边另一个象群的母象格蕾丝（Grace）看到后，立即来到它身边，并试图伸出象牙扶住它。但最后埃莉诺还是倒在了地上，格蕾丝就在旁边陪着它，不时还会推一推它的身体，陪了它至少一个小时，不顾自己所在的象群早已走远。可埃莉诺最终没能挺住，在它死后的一个星期内，来自5个不同象群（包括埃莉诺自己所属的象群）的母象曾多次接近它的尸体。有些母象显得有点烦躁，会用鼻子或脚推它的尸体，好像想要摇醒它。虽然期间并没有公象出现上述行为，道格拉斯－汉密尔顿认为母象的行为已经证明，大象对死亡有非常明确的悲伤反应，而且不只限于对自己所在的象群成员。

鲸类对死亡也有类似反应。2001年，动物研究组织（名为 Mammal Encounters Education Research）的成员费边·里特（Fabian Ritter）在加那利群岛观察到，有一只雌糙齿海豚（rough-toothed dolphin）推着它的幼崽的尸体，就像本文开头提到的那只雌海豚一样。但这次，它不是孤军奋战，有两只海豚一度陪着它，为它保驾护航。在这期间，它还曾碰到一群海豚，至少有 15 只，结果这群海豚改变原来的航线，陪了这对母子好一阵子。这位海豚妈妈对孩子深深的爱着实感人，但到了第 5 天，它渐渐体力不支，于是那两只为它护航的海豚接替它，用背部撑起孩子。

此外，研究人员在长颈鹿中也发现了类似行为。佐伊·穆勒（Zoe Muller）是一名野生生物学家，2010 年，他在肯尼亚索伊桑布自然保护区（Soysambu Conservancy）进行了一项关于罗氏长颈鹿（Rothschild's giraffe）的研究。当时，有只雌长颈鹿产下一只足部畸形的幼崽，这只小鹿行动不方便，所以比其他小鹿更加安静。这只可怜的幼崽只活了短短 4 周，在这期间，鹿妈妈一直待在它身边，从没有离开它超过 20 米远。一般来说，长颈鹿喜欢集体行动，共同觅食，可是为了保护自己的幼崽，这只雌长颈鹿还是选择待在孩子身边。和阿姆夫拉基亚湾那只雌海豚一样，它这么做也是在冒着牺牲健康的危险，不同之处在于，它的幼崽还活着。

有一天，穆勒发现鹿群的行为很反常。包括这位鹿妈妈在内的 17 只母鹿，一直警惕且不安地盯着一块灌木丛。一个小时以前，那只足部畸形的小鹿刚刚在那里死去。从早上开始，这 17 只母鹿就一直在尸体旁徘徊，中午，又有 6 只母鹿和 4 只小鹿加入，有的还用鼻子和嘴轻轻地摇动尸体。到了晚上，仍有 15 只母鹿不肯离开，它们比白天靠得更近，紧紧地环绕在尸体的周围。

第二天，又有数头成年长颈鹿前来探望。有些雄鹿是第一次来，不过它们感兴趣的并不是幼鹿的尸体，而是企图觅食，并检查母鹿是否处于发情状态。第三天，穆勒发现幼鹿尸体不翼而飞，而幼鹿的妈妈则独自站在 50 米外的一棵树下，经过一番搜寻，穆勒终于发现原来尸体就在鹿妈妈站的那棵树下，只是已经被啃食得只剩一半，到了第四天，尸体全部被鬣狗瓜分殆尽。

长颈鹿是高度社会化的动物。通常在小鹿出生的头 4 周，母亲会独自小心地保护幼崽。此后则会寄放到“幼儿园”——由一只母鹿看管幼鹿们，其他鹿妈妈外出觅食。

在描述上述整件事的过程中，穆勒并没有用“悲伤”和“哀悼”这样的字眼，但这件事能说明一些问题。因为幼崽的死亡，鹿妈妈和族群中其他母鹿的行为都发生了明显地改变。尽管无法排除其他可能的解释，但是，母鹿们保护幼崽尸体，以免尸体被掠食者吃掉的行为，说明母鹿们极有可能有一定程度的悲伤。

像穆勒这样，通过对野生动物直接观察而获得的第一手资料还很缺乏。想观察到野生动物对同伴死亡的反应，条件非常苛刻，天时地利缺一不可。这不仅需要科学家当时在场，还需要动物的悲伤反应足够明显才行。这项研究目前还处在起步阶段，也许在保护区、动物园，甚至是在我们自己家里对宠物进行观察，更易于发现相关线索。

下面，我要讲一个更揪心的故事。十多年来，暹罗猫（Siamese）薇拉（Willa）一直和它的姐姐卡森（Carson）生活在美国弗吉尼亚州，它们的主人是卡伦·弗洛（Karen Flowe）和罗恩·弗洛（Ron Flowe）夫妇。两姐妹从小一起长大，互相梳理毛发，在房间最舒服的角落一块儿发呆，睡觉时也蜷成一团，互相依偎在一起。如果卡森被带去看兽医，薇拉就会出现轻微的焦虑不安，直到姐姐回家。2011 年，卡森的慢性病恶化，弗洛夫妇照旧带它去看医生，但这次卡森却一睡不醒，离开了这个世界。起初，薇拉的表现和往常姐姐去看病时一样，但两三天后，卡森还没回来，薇拉开始发出一种可怕的声音。那是一种撕心裂肺的哀号，并不断在它们常待的地方徘徊，想要找到姐姐。后来，这种症状慢慢减退，但几个月里，薇拉一直郁郁寡欢。

而在所有这些关于动物悲伤研究的实例中，最让我惊讶的，要数两只鸭子。2006 年，3 只野鸭（mulard ducks）被解救到美国纽约州沃特金斯格伦农场保护区（Farm Sanctuary）。由于在鹅肝农场被过度喂食，这几只鸭子都患有肝脏疾病——肝脂肪沉积。

其中两只鸭子被摧残得身心俱疲，对人类非常恐惧。一只叫科尔（Kohl），腿已经畸形，另一只叫哈珀（Harper），一只眼睛失明了。它们在一起患难与共地生活了 4 年多。尽管鸭子也是群居动物，但这两只之间的感情尤其深厚。后来，科尔的腿疾加剧，严重到无法走路，于是，医生决定对它执行安乐死。哈珀则被特批可以在旁观看，事后还可以靠近科尔的尸体。结果哈珀推了推科尔，见它久久不醒，便趴在科尔旁边，把头依偎在昔日老友的身上，一待就是几个小时。更严重的是，哈珀从此一蹶不振，它不再结交新朋友，常常独自坐在从前经常和科尔一起去的小池塘旁边。就这样，两个月后，哈珀病故。

千差万别的悲伤

从逻辑上讲，越长寿，伴侣、家庭或群体成员间关系越亲密的动物，应该更会对至亲同伴的死亡感到悲伤。但目前还没有足够的实验证据支持这一逻辑。要验证这个假设，我们必须扩大实验对象范围，既要研究群居动物，也要观察只因食物和交配需要而进行季节性聚集在一起的动物，然后进行系统比较。

当然，种间差异只是一方面，也要充分兼顾具体情况和个体差异。即使是同一物种，对有些动物来说，如果能见到同伴尸体，它们苦苦寻觅和哀号的可能性就比较小，比如像上面的科尔和哈珀；但这对有些动物则完全没用，说明动物对同伴死亡的反应存在种内差异。

另外，野生猴群的社会化程度更高，可奇怪的是，关于猴子悲伤反应的报道并不多见。反倒是有些相对独立的动物，比如家猫等，对邻近亲友的死亡反应更大。不过我认为，如果数据量足够大，猴子表现出悲伤反应的数量不会比家猫少。在《动物如何悲伤》一书中，我举了很多不同动物为例，包括猫、狗、兔子、马、鸟以及我在本文中提到的其他动物。每种动物的案例中都既有对同伴死亡漠不关心的个体，也有悲伤到不能自已的实例。

这中间，认知差异也会起到一定作用。正如不管是种内还是种间，动物都会存在不同水平的同理心，对死亡的理解也一定有深有浅。动物能理解死亡是生命的终结吗？是否有死亡这个概念？目前还无法回答。也没有证据表明，任何其他动物能像人类一样预期死亡。这是人类独有的能力，也催生了大量激动人心的文学、音乐、艺术和戏剧作品，人类沉浸其中，投入了大量的情感。

从另一方面看，悲伤的能力耗费体力和精力，尤其对野生动物来讲，觅食、躲避掠食者和交配已经需要耗费不少能量了，为什么还要进化出更费神的哀伤情绪呢？也许哀伤的时候，动物的社交暂时中断，而适当的社交中断可以让它们有时间从情感伤害中走出，从而为下一段关系做好准备。又或者如《悲伤的天性》

（*The Nature of Grief*）作者约翰·阿彻（John Archer）所说，可能亲密同伴被迫分离“也能带来好处，而代价就是悲伤”。为什么说会带来好处呢？因为被分开的双方会为了重聚而努力奋斗。所以，动物产生适应性的原因不仅仅是悲伤本身，更重要的是在悲伤发生之前，由亲密关系产生的强大正能量——它们曾亲密地一起觅食，共同孵育后代，共同成长、进化。

爱是悲伤之源

说到这里，不难看出，也许悲伤的真正起源来自丧失所爱。马克·贝科夫（Marc Bekoff）是美国科罗拉多大学博尔德分校（University of Colorado at Boulder）的生态学家和动物行为学家，从事动物情感研究多年。纵观多个物种的表现后，他觉得很多动物都既有爱也会悲伤，虽然他承认很难精确定义这些情感表现。不过贝科夫认为，人类也未必能说清楚爱究竟是什么，但我们绝不会否认爱的存在，也绝不会忽视爱对情绪反应的影响。

在《动物很重要》（*Animals Matter*）一书中，贝科夫写过一个关于草原狼（coyote）的真实故事。故事发生在美国怀俄明州的大提顿国家公园（Grand Teton National Park）。有一只草原狼妈妈会不时离开家人独自外出。每次它一回来，孩子们就会显得非常开心，亲热地舔它，在它脚边打滚。然而有一次，它离开后就再也没有回来。有一些小狼开始焦躁地来回踱步，有的则沿着它离开的方向出发，去寻找草原狼妈妈。“一个多星期来，狼群似乎陷入了悲伤之中，”贝科夫在书中写道，“狼群的其他成员在想念它”。后来，我们曾一起讨论关于动物情感的话题，他认为狼群的反应应该是出自对狼妈妈的爱。他还认为，有些物种，比如草原狼、狼、鸟类（包括鹅类）等，家族存在相对强烈的“爱”，是因为这些动物通常由父母结伴抚养后代，共同御敌，所以家庭关系更亲密，一旦分开，彼此就会想念。

动物世界的爱与愁，盘根错节。也许比动物群体的社会关系更加复杂深刻，成员之间爱得越深，分开时的痛苦必定也更加强烈。以前文提到的暹罗猫为例，一般来说，家猫的社会性并不强，但薇拉对它姐姐卡森的爱，和在失去姐姐后的悲痛却是不容置疑的。

而我们人类，在表达悲痛时则呈现出更丰富的仪式感。十万年前，我们的智人祖先就曾在尸体上装饰红赭石，考古学家认为，这是一种仪式行为，不含实际功能。在俄罗斯松希尔（Sunghir）遗址，考古学家发现两个葬于 2.4 万年前的幼童，一男一女，不到 13 岁，身边埋有很多陪葬品，从猛犸象牙，到各种象牙雕刻成的小动物。最神奇的是，墓穴里还有大量象牙小珠，可能原先是缝在孩子衣服上的，衣服腐烂以后，散落在遗体周围。要准备所有这些随葬品，必定动员了当时松希尔遗址的大批成员参与，因为每个象牙小珠都至少要花一个小时才能制作完成。尽管不能完全用现代人的情感观来解释古人类的行为，但基于前面从各种动物身上看到的悲伤情感，我们完全有理由相信，数万年前人类祖先对幼童的哀悼，确确实实带有情感因素。

在我们所处的现代社会，悲伤早已不再局限于亲属、亲密的合作伙伴或自己所属群体的成员。那些耸立在世界各地的公共纪念物，如日本广岛的和平纪念公园、卢旺达首都基加利的大屠杀纪念中心、德国柏林的欧洲被害犹太人纪念碑、美国纽约曼哈顿的双子塔遗址和康涅狄格州的桑迪胡克小学新校址[⊖]，都明显在传达举世哀悼的力量。对陌生人的死亡亦感到悲伤，这是我们人类独有的特质。尽管独特，但悲伤这种能力，是我们与其他动物共享的，它有着深远的进化根源。

⊖ 2012 年这里曾发生过造成 20 名儿童和 6 名成年人伤亡的枪杀事件，为纪念这一事件，如今这所学校已被重建。——编者注

动物知道幼崽是从哪里来的吗？

霍莉·邓斯沃斯（Holly Dunsworth）
贾 海 译

“科科”是一只巨大又快乐的圈养的大猩猩，现在46岁了，它会使用一些手语，住在加利福尼亚州。“科科”喜欢小猫，了解鸟类和蜜蜂，甚至还可以帮助规划自己的父母身份——至少一个热播的视频让我们相信这一点。在这段视频中，科科的看护人弗朗辛·佩妮·帕特森（Francine “Penny” Patterson）向这只因年纪太大不能自己生育的大猩猩展示了一个记事本，上面列出了她可能成为母亲的四种场景。

帕特森告诉科科，一群大猩猩（包括一只成年雄性、两只成年雌性和一个幼崽）可以和科科及其成年雄性伴侣恩杜姆一起生活。或者，一个新生幼崽和一两个稍大的幼崽也可以加入它们；

在第三种情况下，只加入一个幼崽；第四种选择是加入两只成年雌性黑猩猩，为恩杜姆和科科生孩子。帕特森把记事本递给科科，它不再挠胸口，似乎在思考自己的决定。最后，科科用右手食指轻敲笔记本上的最后一个选项。“这是个好主意，因为这会让科科高兴，也会让恩杜姆高兴”，管理员说道。

这就是事实：科科一定知道幼崽是怎么被生育出来的。不然她为什么要选择能够生育幼崽的雌性黑猩猩而不是真正的幼崽？

人们普遍认为，动物知道幼崽从哪里来。在科科所属的这一物种中，性成熟的银背雄猩猩会小心翼翼地守护自己的“雌性后宫”，不让其他雄性靠近。获胜的挑战者通常会杀死被击败的银背猩猩幼崽，然后才会安顿下来生育它们自己的幼崽。此外，大猩猩为了避免近亲交配，会让达到生育年龄的个体离开它们的家庭去寻找新的家庭。

大猩猩很难垄断性策略和养育行为。雌禽在受精之前就会将不受欢迎的精子排出体外。当孩子需要社会和政治支持时，狒狒爸爸们就会介入其中。一些雌性黑猩猩在与雄性领袖交配时会大声喊叫，而不是发生在与地位较低的雄性交配时——这是一种向其他竞争配偶展示自己魅力的方式。在我们人类所看到的每一个地方，生物的行为都好像它们完全明白“性”能带来什么，它们是如何与潜在的配偶和后代联系在一起的，以及延续它们的基因是多么重要。我们喜欢用标志着人类和动物之间共同点的语言来讲述对动物性行为和养育方式的观察。

但是其他物种真的知道是性交产生了后代吗？科科呢？

动物的思维

事实上，还没有关于动物是否理解繁殖的文献。路易斯安那大学拉斐特分校的灵长类动物学家丹尼尔·波维内利（Daniel Povinelli）进行了一项研究，探究了非人灵长类动物（在认知上与我们最相似的动物）在物理和其他涉及因果关系的领域中能够理解什么，这是科学家们了解动物对世界如何认知的绝好机会。波维内利在他的著作《猿类的民间物理学》（*Folk Physics for Apes*）和《失重世界》（*World Without Weight*）中描述了数十年的实验工作，旨在报道猿类对重力的了解。

一些黑猩猩可以被成功地训练出通过拿起物体所需的力量将物体分类。但是，当黑猩猩被要求在不拿起物体的情况下将它们从重到轻进行分类，它们的表现并不比偶然挑选更好——这证明它们的理解能力并非来自对重量的实际思考。正如波维内利所说，黑猩猩的能力源于身体智慧，而不是大脑智慧。

为了理解不可观察的现象，如重力或受精，生物必须具有抽象推理的能力，能够形成看不见的潜在原因或力量的心理表征。人类利用抽象推理将知识从一种情况转化到另一种情况，这使我们能够解决以前从未遇到过的问题，甚至为自己发明新的娱乐方式。尽管像黑猩猩这样的动物远比科学家传统上认为得聪明，但它们似乎并不具备这种特殊的认知技能。我想起有一次，一个聪明的六年级学生回答了我关于“为什么黑猩猩不打棒球？”的问题不是因为它们在身体结构不协调，而是“因为你无法向它们解释规则”。

当然，不能仅仅因为研究人员还没有检测到猿类的抽象推理能力而意味着它不存在。为了便于论证，我们假设猿类确实有这种能力。在这种情况下，猿类个体仍需要独立地发现是性行为导致了幼崽的诞生，或者它们需要使用某种形式的语言来分享这种生殖知识。这就引出了下一个问题。其他物种没有能说善道的天赋。

经过多年的训练，科科可以在听到提示时回答出数百件物品的名字，但它不是像人类一样说出来。如果没有它的手语能力，你可能不会觉得科科的母语语言交流技巧很复杂。大猩猩会在大量的食物面前发牢骚，它们在靠近彼此或与幼崽分离时会发出咕噜声，交配时也会发出咕噜声，玩耍时会咯咯地笑。在加利福尼亚大学戴维斯分校的亚历山大·H. 哈考特（Alexander H. Harcourt）和凯利·斯图尔特（Kelly Stewart）研究了山地大猩猩（这与科科所属的低地大猩猩基本相似）的发声，发现它们并不比大猩猩在情绪激动时所表现出的威胁更复杂。它们的话语传达了发声者的社会地位和未来的潜在行为，但仅此而已。

事实上，野生灵长类动物的语言能力有限。长尾猴的语言可能是最接近人类的，而它的复杂性还远远达不到人类的标准。正如宾夕法尼亚大学的多萝西·切尼（Dorothy Cheney）和罗伯特·塞法斯（Robert Seyfath）在东非对这些动物的广泛研究中观察到的那样，长尾猴会发出鹰、蛇和豹等不同捕食者的警报。这些嗡嗡作响的叫声或“话语”不是从人类的话语中后天习得的，而是与生俱来的。尽管报警的语言是随意的，就像我们的语言一样，但它们从不喋喋不休地谈论昨天看到的蛇，或者对明天可能遇到的豹子感到恐惧。即使有人很坚信地辩称这些叫声是猴语，这也很难从最基本的“语言”变成说话者可以解释的语言，“当我们交配时，幼崽就是这样开始产生的。”

此外，没有证据表明动物有时间观念，可以将交配等原因与幼崽诞生的延迟效应联系起来，并据此制定计划。红毛猩猩、倭黑猩猩和黑猩猩都被观察到保存工具以备将来使用的行为。最险恶的是瑞典动物园的一只名叫桑蒂诺的黑猩猩，它把成堆的石头藏在干草下面，以便在游客最意料不到的时候向他们扔石头。但目前观察到的所谓的“猿类的未来计划”至多是几个小时或几天，远远不够跨越它们的妊娠期，而它们的妊娠期几乎和人类的一样长。

如果动物缺乏有意识的生殖所需的抽象推理、语言和未来规划能力，那么它们必须知道该做什么（指交配），即使它们不知道为什么交配是让它们生育后代和延续物种的原因。事实上，动物可能会在没有实际预期结果的情况下进行各种看似复杂的行为。多伦多大学的认知科学家萨拉·谢特尔沃思（Sara Shettleworth）举了一个例子，乌鸦通过故意把核桃掉在坚硬的表面，从而把核桃砸开。许多观察者认为乌鸦有意识地做出这种行为是为了获得食物。但是谢特尔沃思指出，一个更科学的方法来理解坚果破裂的原因，是假设这一行为的原因是与之有关的"近因"：鸟类内部生理状态的饥饿感与核桃和坚硬表面的存在有关。也就是说，促使乌鸦在坚硬的表面上空飞行并故意掉落坚果的，是基于过去有条件的成功获取食物的行为的生理经验，而不是乌鸦关于如何最好地满足其饥饿感的逻辑。

寻找动物行为的近因对人类来说是一个难以接受的概念。我们通常认为，因为人类知道我们为什么这样做，其他做类似事情的动物也一定知道，所以我们把它们的行为拟人化。但这种推理缺乏真正理解动物认知所需的严谨性。

解释大猩猩的行为以及动物所做的大多数事情，而不把我们的任何想象力归因于它们，尤其是在生育幼崽和生物亲子关系方面，更合乎逻辑。想想那个杀死新配偶和另一个雄性所生育后代的银背大猩猩：杀死幼崽的银背大猩猩比不杀死的银背大猩猩能将更多的基因遗传给下一代大猩猩。因此，如果这种复杂的行为或学习这种行为有任何生物学基础，或两者都有，这种行为会遗传给儿子，儿子们会重复这种行为；也会传递给女儿，女儿们可能会生育出具有这种行为的儿子。这些银背大猩猩在近亲周围必须表现出较小的攻击性，在非近亲周围表现出强烈的攻击性，随着时间的推移，这种选择性可能会因熟悉程度而改变。当新的银背大猩猩生育出自己的幼崽时，它已经失去了杀死它们的冲动，也许是因为影响行为的荷尔蒙在它的身体、幼崽和它们的母亲之间传递着信息。这一现象的任何方面都不需要它们有任何生殖或亲子关系方面的知识。

如果他们知道

如果我们能以某种方式教会我们的猿类表亲：性是生育后代的原因，那么我们可能会期待它们在野外的行为会发生巨大的变化。想要后代的雄性和雌性可能开始收集精液并手动注入。雄性也可能在交配后逗留更长时间，可能一直到幼崽出生，然后与幼崽和雌性待在一起，直到幼崽长大到能够独立生活。雌性可能会在与它们心仪的雄性交配的选择上竞争更激烈。如果被迫在违背自己意愿的情况下交配，它们甚至可能试图堕胎。想要避免怀孕的雌性可能会在发情期躲起来，而发情期是她们生育能力强并最能吸引雄性注意的时期。

知道幼崽从何而来将有助于理解个体之间的关系，这也有助于其理解自身行为的后果。雄性和雌性都可能开始对生育后代的繁殖行为感兴趣，并可能在后代还没长大时就开始在社会中确立自己家庭的地位，从而帮助后代最终找到一个精英伴侣。它们甚至可能阻止幼崽在长大时离开群体，这样它们就能更好地影响它们的生殖和生活。兄弟姐妹知道它们来自同一对父母，也可能会形成比与其他物种更紧密、更持久的关系。猿类意识到它们与其他群体中的个体交配能够生下自己的后代时，它们可能会减少群体之间的竞争和暴力行为，这些群体之前可能是敌人，但现在被认为是血缘关系。

换句话说，如果猿类明白性会生育幼崽，它们的行为会更像人类。让我们回到科科。我不止看过一部关于科科的影片，也观看过许多其他的影片。在观看过程中，我注意到科科会练习它的手势，并通过接触记事本上的符号来学习新的手势。似乎每次向她展示一个符号时，她都会先用手指敲击它，无论她是否能想起并执行正确的手势。因此，科科的“母亲选择”并没有表明她理解这个问题，更不用说生育了。

不管它有多热情或多有教养，动物的性行为、社会行为和养育行为都不需要繁殖知识。相比之下，智人的行为却有很大的不同。在这一过程的某个阶段，我们这个物种形成了富含生殖、家庭和联系的信念文化——这些信念在很多方面将我们与我们的猿类表亲以及地球上其他任何生物区分开来。

第 3 章

它们的怪诞技能点

锯齿鸟：2500 万年前的空中霸主

丹尼尔·T. 克塞普卡（Daniel T. Ksepka）
迈克尔·哈比卜（Michael Habib）
邢立达　李锐媛　译

如今，风景如画的美国南卡罗来纳州查尔斯顿港栖息着各种各样的海鸟。从在河口觅食的鹈鹕和鸻鹬，到在滨海岛屿上筑巢繁育的海鸥和苍鹭，还有在冬季取道于此飞往温暖地带的鸣禽，统统都是这里的访客。而在 2500 万年前，“飞龙”才是卡罗来纳州天空的统治者。它们不是中世纪民间传说中的怪兽，而是演化的造物。这些庞大的飞鸟本身就令人恐惧：翅膀比轻型飞机还宽，喙部武装着致命的矛状齿。

查尔斯顿国际航空港的化石证明了这些恐怖怪兽确实存在。1983 年，古生物学家阿·桑德斯（Al Sanders）带领的一支队伍

（他们后为查尔斯顿博物馆工作）发掘出了一些化石，这些骨骼属于巨大的鸟类，但是研究者们忙着处理其他化石，鸟类的骨骼就这么被束之高阁了。直到 30 年后，克塞普卡才发现这些被遗忘的动物有多么惊人。桑德斯和他的同事找到了迄今为止最大的飞鸟，这是一个前所未见的物种，属于锯齿鸟类[㊀] 的神秘族群。为了纪念发现者，克塞普卡将它命名为桑氏锯齿鸟（*Pelagornis sandersi*）。

150 多年前，古生物学家就知道锯齿鸟类曾在天空翱翔，但可以用来研究的化石只有寥寥数块碎片。因此，科学家对它们的飞行方式、生活方式和为什么会演化出如此庞大的身躯都不太清楚。最近，研究者对其中最庞大的成员桑氏锯齿鸟进行了分析。

哈比卜也对其他大型鸟类做了深入研究，这些分析结果填补了这一领域的空白，为当时令人叹为观止的鸟类勾勒出了迄今为止最完整的形象。最新的证据表明，在小行星撞击地球，灭绝了恐龙及其近亲翼龙之后，锯齿鸟类迎来了全盛时期，为了在开阔的海面觅食，它们可能演化出了庞大的体型。不论是什么原因让桑氏锯齿鸟成为庞然大物，它们的体型都突破了一些研究者的认识，研究者曾经认为鸟类是不可能超越某些极限的。

㊀ Pelagornithid，根据词源学其原意为海鸟类，它的中文名源于它的锯齿。——译者注

令人惊奇的骨骼

对锯齿鸟的研究由来已久。1857年，法国古生物学家艾德禄·拉尔泰（Édouard Lartet）描述过一根极为巨大的锯齿鸟翼骨，他以为这是古代信天翁的遗骸，所以命名为中新锯齿鸟（*Pelagornis miocaenus*），即“中新世的海鸟”。虽然这名字并不出奇，但化石本身却非常神秘又让人激动。这根翼骨是肱骨，长达60厘米，说明它主人的体型比一些现代信天翁大了一倍——这在拉尔泰的时代里简直令人难以想象。可惜古生物学家们无法从一根肱骨上看出这种动物的全貌。

十多年后，有人提出这根巨大骨骼的主人不是巨型信天翁。英国解剖学家理查德·欧文（Richard Owen）爵士在1873年描述了另一只巨鸟的头骨，他为此命名了一个新的物种：联顶齿翼鸟（*Odontopteryx toliapica*）。欧文的研究表明这颗头骨极为独特，它不属于任何现代鸟类的种群，而是来自尚不为人知的大型鸟类，它们早已灭绝了。后来，研究者们终于发现了更完整的标本，证明了拉尔泰描述的肱骨也属于同一种群。

其他发现也在20世纪慢慢浮出水面，但有时也会转瞬即逝。1910年，研究者根据有史以来最完整的一个锯齿鸟类头骨建立了新物种：长吻伪齿鸟（*Pseudodontornis longirostris*）。德国柯尼斯堡大学从一个巴西卖家手中购买了这颗头骨，但第二次世界大战的轰炸摧毁了柯尼斯堡。苏联在二战临近尾声时占领了这座城市，并将它改名为加里宁格勒。头骨的下落现在已经不得而知，没人知道它是已经毁于战火、遭人偷走，还是转移去了别的地方。

在随后的几十年里，化石猎人发现了一些锯齿鸟类的新化石，包括加利福尼亚的奥氏锯齿鸟（*Pelagornis orri*）和智利的智利锯齿鸟（*Pelagornis chilensis*）。尽管大部分早期发现都很零散，但这个物种的部分骨骼还是让科学家能从身体结构和行为方式上，对锯齿鸟类展开更深入地研究。

研究结果和过去的想象并不一致。锯齿鸟类具有多种不同寻常的特征，其中最特别的是上下颌里几排密集的牙齿状结构。在6500万年前，鸟类就失去了形成牙齿的能力，但是锯齿鸟类演化出了一套权宜之计。真正的牙齿由牙釉质以及被称为牙本质的钙化组织构成，生长在牙槽中。而锯齿鸟类所谓的假齿是直接由骨骼的中空突起构成的。

在研究得最多的锯齿鸟类里，假齿排列有序，遵从一定的规则：两颗短而细的针样假齿排在中等大小突起的两侧，这样的三颗假齿，又会排在最长的圆锥状假齿的两侧，如此往复。在锯齿鸟生前，假齿上可能薄薄地覆盖着一层和现代鸟类喙部相同的物质。于是，它们险恶一笑时，就会露出用来攫取和抓紧猎物的尖刺。

还有一些古怪的特征也加强了锯齿鸟类的狩猎能力。它们的头骨具有独特的灵活性：头骨的中点区域有一个牢固的铰接结构，这样，上喙部就可以张大到相当于颅顶的高度。此外，下颌左右两侧的中点是一个关节，颌部的“下巴”处则由柔韧的韧带连接在一起，而不是坚实的骨骼。这些特征可能是为了容纳大型猎物时，颌部可以大张大合。

锯齿鸟头部以下的骨骼也和其他鸟类不同，它们的翼骨非常扁平。研究的早期，部分古生物学家在重建骨架时，还把一根肱骨的位置放颠倒了。所有的飞鸟都会为了高效飞行，使自己的骨骼呈空心化的趋势发展，锯齿鸟类更是把这种特点发挥得登峰造极。

它们所有翼骨的骨壁都特别纤薄，也就是说锯齿鸟类不仅维持了骨骼必需的坚韧，还把体重降到了最低——这对巨大的飞行动物来说至关重要。但是，轻巧的骨骼也有缺点：这样的骨骼更容易折断，因此意外碰撞也很容易夺了它们的性命。有一根骨骼断裂就会使锯齿鸟类困在地面，无法觅食。

毫无疑问，就锯齿鸟类的形貌而言，腿骨是它们最正常的部分。不过腿骨和翼骨相比，就显得特别小。后肢骨则有强化的骨壁和粗壮的外形，比较强壮。和很多现生海鸟一样，如果让锯齿鸟类在陆地上长距离行走，就会很尴尬，它们或许只需要在起飞前有效地冲刺一小段距离，然后一飞冲天。

极不寻常的腿部

2014 年，终于有科学家描述了桑氏锯齿鸟，此时他们已经确定锯齿鸟极不寻常。桑氏锯齿鸟比那些奇怪的同类们更奇怪。它的肱骨几乎有 1 米长，比拉尔泰的锯齿鸟肱骨还要长 1/3 以上，甚至超过了普通人类的整条手臂。这么巨大的化石居然属于鸟类，简直不可思议。事实上，研究表明，一些海鸟的翼展上限在理论上为 5.1 米，超过这个长度之后，会因为体重原因无法依靠鼓翼[一] 保持飞行。而在查尔斯顿机场发现的肢体骨的骨壁极薄，说明这些翅膀和腿确实属于鸟类——科学家用硬化剂小心处理后，化石才逃过了变成碎片的命运。那些标志性的假齿也证明，在查尔斯顿机场发现的头骨是锯齿鸟类的一部分。

结合这些保存完美的骨骼以及其他锯齿鸟类的标本，科学家细致入微地复原了桑氏锯齿鸟。生前，它翅膀的翼展约 6.06~7.38 米，现生和其他已灭绝的鸟类均无可出其右者。最大的现生飞鸟漂泊信天翁的平均翼展也不到桑氏锯齿鸟的一半。从承重的腿骨来看，桑氏锯齿鸟的体重约 21.9~40.1 千克，相当于一只金毛寻回犬。这虽然远大于现生飞行者，但与自己的翼展相比，还不算太笨重，这多亏了精巧的身体结构和轻盈的骨骼。

㊀ 鼓翼飞行，是动物最常见的一种空中运动方式。动物利用翅膀的拍打来产生推力，从而增加运动速度和飞行高度，动物也因此具有更强的空中控制能力。——编者注

根据这些参数，我们研究出了这种鸟和其他大型锯齿鸟类的飞行方式。但是，要判断已经灭绝的生物的行进能力依然非常棘手。还好，现在的研究工具比以往任何时候都精良。来自现生鸟类的关键发现，以及空气动力学上一些基本的物理原理，都为解决这些鸟类的飞行问题提供了相关信息。

现生飞鸟的飞行方式富于变化，比如蜂鸟的悬停和海鸥的慢速鼓翼。桑氏锯齿鸟和其他锯齿鸟类都拥有极长的翅膀，这表明滑翔才是它们的主要飞行方式，它们不用通过鼓翼产生升力，而是展开双翅利用风或上升气流的能量飞行。现代的滑翔鸟类会采用几种不同的方式，保持长时间浮空的状态，不过科学家还需要更深入分析才能弄清楚锯齿鸟类所采用的策略。

相对体重而言，秃鹫等鸟类拥有十分宽大的翅膀，因此翼面负载较低。也就是说，和体重相当但翅膀较小的鸟类相比，秃鹫翅膀上每平方厘米所承担的重量相对较少。它们翅尖还有沟槽，羽毛可以散开，从而减少拖曳力。较低的翼面负载和翅尖上的沟槽让秃鹫可以利用暖气流向上飞起，从而利用比海鸟更短的翅膀滑翔。同时，在悬崖和树林等存在阻碍物的环境下，这样的构造也更容易变换方向。

军舰鸟采用了另一种方式滑翔——利用海面上的上升暖气流托起它们的羽翼。它们的翅膀呈锥形，更细长，翅端更尖，无沟槽。军舰鸟也是体重最轻的鸟类之一，因此翼面负载极低。这些特征有助军舰鸟在高空长距离飞行，也可以让它们随时俯冲向海面附近的猎物。

另一种海洋滑翔鸟类是信天翁。它们的翅膀也很狭长，翅端较尖。不过信天翁的翼面负载较大，因此需要强壮迅捷的翅膀才能飞行。信天翁可以利用波浪上方的风速梯度御风而行。它们先高速向海平面附近飞行，等遇到足够的风力后再获取升力向上飞行。整个飞行的途中，它们不断上下移动，只需消耗非常少的能量，就能借助环境中的动力远距离飞行。2004 年，一只固定在信天翁身上的追踪装置显示，它以平均 127 千米 / 时的速度连续飞了 9 小时，还没有哪种现生动物能打破这个滑翔速度的纪录，它在南极风暴中乘风前行。

随着深入研究桑氏锯齿鸟的标本，科学家也获得了更多有关锯齿鸟类的知识，发现它们采用的滑翔方式与现生鸟类有很大不同。锯齿鸟虽然翅膀狭窄，但是可观的长度依然保证了巨大的表面积，换言之，演化让它们从两方面都得了好处：巨大的体型赋予了它们在强风中动态攀升的能力；翅膀的面积大，展弦比㊀高，还能让它们在平静的海面上一举漂泊数千千米。

我们估计，这些巨鸟在最大速度达到 40 千米 / 时，高于以 9.58 秒的成绩夺得 100 米短跑金牌的世界纪录保持者，乌塞

㊀ 展弦比：翼展的平方除以羽翼所占面积，这个参数对飞行性能有显著的影响。——编者注

恩·博尔特（Usain Bolt），他的速度也只有 37.6 千米 / 时。另外，桑氏锯齿鸟仅耗费少许力气就能保持如此速度。在升高到 45 米后，它们可以在不鼓翼且没有风力辅助的情况下滑翔 1 千米以上。

虽然桑氏锯齿鸟的绝大部分时间都花在飞行上，但偶尔也会着陆（比如筑巢）。也就是说，它们还是需要从地面再次升空。

起初，锯齿鸟庞大的体型和细小腿部让部分研究者怀疑它们不能有效起飞。但是，在获得智利锯齿鸟和桑氏锯齿鸟更完整的化石后，研究者发现，这些鸟类的后肢和相对紧凑的身体具有适当的比例。在国际古生物学家会议上，哈比卜首次介绍了锯齿鸟起飞时的力学分析结果，他发现锯齿鸟粗短后腿的构造，很适合短距离冲刺，而在水面上冲刺（锯齿鸟很有可能具有足蹼）时，这种特性尤为明显。后肢的骨骼也能支撑大量肌肉，使中等大小的身体配合着极大的翅膀达到起飞的速度。即使它们不太擅长陆地行走，这些腿部特征仍然让桑氏锯齿鸟成为出色的水面起飞者。

抢占生态位

桑氏锯齿鸟就像巨鸟中的泰坦（希腊传说中的体型巨大的人物形象），它们的出现让科学家不禁思考，为什么飞鸟会演化出如此巨大的体型。巨大不一定是生物学上的优势，相比小型动物，大型动物需要更多食物和更大的筑巢空间，种群数量也小于比例适当的物种。虽然存在这些缺点，但地球历史上依然出现过多类成功的巨型飞行者。

事实上，今天的动物界没有大型飞行动物反倒像是例外：过去1.2亿年中的大部分时间，遮天蔽日的巨大飞行动物随处可见。

现在科学家发现，体型巨大也有非常明显的优势。这能改善长距离飞行的效率，因为较大的飞行者完成每单位飞行距离所耗费的能量低于小型同类。大型动物也能捕捉（或偷盗）小型飞行者没法对付的猎物。另外，体型巨大的鸟类被捕猎的风险也很小，飞上天空后，几乎所有掠食者都拿它们没有办法。

长着翅膀的翼龙（属于爬行动物）在数千万年来的历史中都称霸着海洋和陆地的天空。生活在海上的翼龙可能是以无脊椎动物和鱼类为食，它们的体型也很适合在海面上长途旅行。当时，翼龙极为成功，但小行星撞击事件不仅灭绝了绝大多数恐龙（鸟类除外，它们是现生恐龙），也让翼龙消失殆尽。翼龙的灭绝让数个领域的竞争骤然减弱，此前被它们占据的生态位也有了空缺，其中一个生态位就属于海洋上空的大型滑翔动物。

在翼龙灭绝1000万年后，锯齿鸟才逐渐出现，它们似乎填补了这个空缺。这些大鸟的化石几乎都是从海洋环境的沉积物中发掘出来的，这表明它们主要的活动范围是在海洋上空，它们主要以海洋生物为食。鉴于假齿的强度不及真牙，部分古生物学家推测，锯齿鸟的主食是在海面附近活动的软体动物（鱿鱼和海鳗等）。但它们也不会拒绝从别人手里抢来的其他食物。

今天的大型海鸟通常也会欺凌其他生物，强迫对方放弃食物。有时，海鸟甚至会在飞行中骚扰其他鸟类，直到受害者吐出所有猎物，贼鸥就是这种“恶棍”。作为生态系统中有史以来最大的鸟类，锯齿鸟很可能会高声惊扰较小的海鸟，好从对方口中夺食。它们可能还会从其他鸟类的巢里掳走幼鸟，现代巨鹱、军舰鸟，甚至鹈鹕都有这种掠食行为。

翼龙留下的生态位空缺不止入驻了锯齿鸟。2300 万年前还出现了另一类大型飞鸟：泰乐通鸟（teratorn），它们一直生存到了 11700 年前的更新世结束。鉴于这种鸟的翅膀短而宽，身体也更重，所以它们飞行和捕猎方式更可能像秃鹫。

在海面上翱翔了 5000 多万年后，锯齿鸟类在 300 多万年前彻底灭绝，然而科学家并不知道它们灭绝的具体原因。在上新世时期，海洋出现了剧变。巴拿马大陆桥在这个时期合拢，成为连接大西洋和太平洋的主要通道，从而彻底改变了洋流。但是，锯齿鸟类曾在气候、大洋环流和动物群的变动幸存下来，很难想象洋流的变化会是终结这个族群的原因。

也许，过度特化是把它们推向灭绝的原因之一。在四处迁徙的前期，这个族群演化出了很多和现代信天翁一般大小的“小型”种。这些成员随着时间的推移逐渐灭绝，因此锯齿鸟类后半期的历史中只剩下了体型巨大的种类。和小型的海鸟相比，巨兽们可能更依赖特定的觅食策略和全球风向，于是，在环境变化后，它们最终死在了曾经给自己带来辉煌的特性上。

星鼻鼹鼠：鼻子是主角

肯尼斯 · C. 卡塔尼亚（Kenneth C. Catania）
殷姝雅　译

著名物理学家约翰 · 阿奇博尔德 · 惠勒（John Archibald Wheeler）曾经建议："在任何领域，找到最奇怪的东西，然后探索它。"当然，很难想象还有比星鼻鼹鼠更奇怪的动物，你可以想象星鼻鼹鼠从飞碟中出现，迎接好奇的地球人类代表团。它的鼻子周围有 22 个肉质的附属物，当鼹鼠探索它周围的环境时，这些附属物就开始做模糊的运动，加上巨大的前肢爪，形成了一个不可抗拒的神秘生物。这种生物是如何进化的？星形的鼻子是什么构造？它是如何运作的，用途又是什么？这些是我想要探索的一些关于这种不寻常哺乳动物的问题。事实证明，星鼻鼹鼠不仅有一张有趣的脸，还有一个非常特殊的大脑，这可能有助于回答一直以来关于哺乳动物神经系统组织和进化的问题。

星鼻鼹鼠是一种体型很小的动物，体重只有 50 克，大约是老鼠的两倍，这可能会让你稍感放心。它们生活在美国东北部和加拿大东部湿地较浅的洞穴中，在地下和水下都可以捕猎。和其他大约 30 种鼹鼠（*Talpidae*）家族成员一样，星鼻鼹鼠属于哺乳动物食虫目，这一目以高新陈代谢和贪婪的胃口而出名。正因如此，胃口巨大的星鼻鼹鼠必须找到足够的食物来度过北方寒冷的冬天。它们通常像其他鼹鼠一样在土壤中捕食蚯蚓，除此之外，它们还能接触到大量的小型无脊椎动物和昆虫幼虫，这些幼虫生长在湿地肥沃的泥土和树叶中，还有些生长在池塘和溪流中。在水中，星鼻鼹鼠会沿着黑暗的水底游动捕捉猎物。寻找猎物是星鼻发挥作用的地方，星鼻不是嗅觉系统的一部分，也不是用来收集食物的额外的手。相反，星鼻是一种极其敏感的触摸器官。

接近星鼻

一开始，我使用一种名叫扫描电子显微镜的皮肤表面微观结构观察仪来探索星鼻的解剖结构，以为会在皮肤各处看到触摸感受器。结果却是相反的，我惊讶地发现，星鼻就像人眼的视网膜一样，完全是由感觉器官组成的。鼻孔被 22 个附肢环绕，每一个附肢的表面都由微小的突起或乳头聚集而成，这些被称为埃默氏（Eimer's）器官。每个埃默氏器官依次由一系列神经结构组成，每一个神经结构都代表着触摸的不同方面。

每个埃默氏器官有三个不同的感应受体。在这个器官的最底部是一个单一的神经末梢，它被许多同心环或薄层所包围，这些组织是由一种特殊的支持细胞——神经膜细胞形成的。这种层状感受器传递的是相对简单的信息，关于振动或关于单个器官第一次接触物体的时间。在这个受体的上方是另一种神经纤维，它与一种叫作默克尔（Merket）细胞的特殊细胞相接触。与层状细胞不同的是，这种默克尔细胞－神经突复合体只发出皮肤持续凹陷的信号。这两种受体在哺乳动物的皮肤中都很常见。

然而，在每个埃默氏器官的顶端，都有一个鼹鼠特有的受体。一系列神经末梢形成了一个圆形的神经膨胀模式，在外围皮肤表面下，呈中心和辐条状排列。我们对星鼻鼹鼠大脑的记录表明，后一种受体提供了触觉感知最重要的方面：各种表面微观纹理的搜索。

尽管星鼻的表面积还不到 1 平方厘米，但上面有超过 25000 个埃默氏器官。这些感觉器官总共由 10 万多根神经纤维提供，这些神经纤维将信息传递到中枢神经系统，并最终传递到哺乳动物的最高处理中心——新皮层。有了这些强大的感受器阵列，鼹鼠便可以在寻找猎物时以惊人的速度进行感官辨别。

星鼻移动得如此之快，以至于人类用肉眼看不到它。一台高速摄像机显示，星鼻每秒钟可以接触 12 个甚至更多的区域。通过一系列快速地触摸来扫描周围的环境，星鼻鼹鼠可以在一秒钟内找到并吃掉 5 种不同的猎物，比如我们在实验室里喂它们的蚯蚓。

星鼻结构图

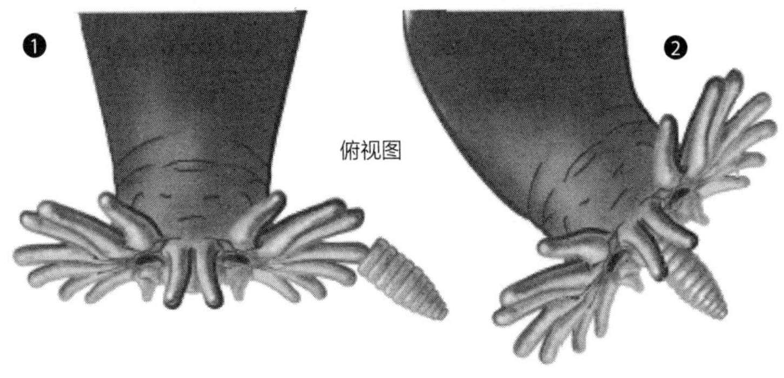

鼻子的功能

星鼻鼹鼠在半秒内就能识别出猎物。当长长的肉质附器触碰到它感兴趣的物体时，星鼻鼹鼠就会把鼻子伸过去，用最短但最敏感的附器迅速识别这个物体，并飞快把它吃掉。

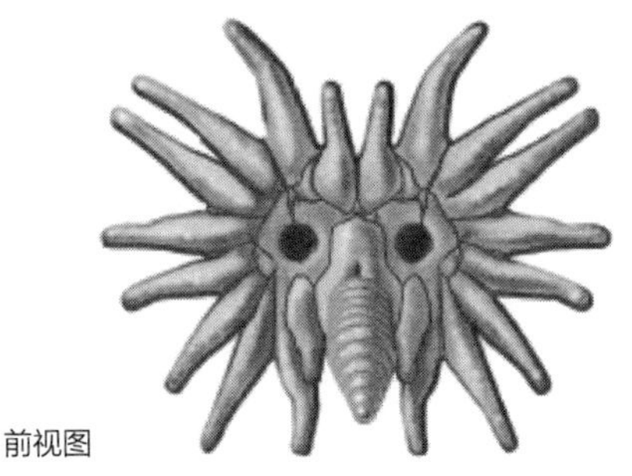

插图：帕特里夏・斯隆（Patricia Sloan）

像一只眼睛

比速度更令人惊讶的是鼹鼠使用星鼻的方式。星鼻的作用就像眼睛。试着在不动眼睛的情况下阅读这个句子，你会发现你的视觉系统立刻分成了两个截然不同的功能系统：在给定的时间中，只有很小部分（大约 1°）视觉场景会被你视网膜的高分辨率中央区域——中央凹分析。视网膜上更大的低分辨率区域会定位潜在的重要区域进行下一步分析。独特的眼部快速运动能复位高分辨率的中央凹，被称为扫视（saccades）。

就像我们用眼睛扫描视觉场景一样，星鼻鼹鼠在过隧道时通过不断移动星鼻来扫描触觉场景，用 22 个附肢上的埃默氏器官快速探索大片区域。当它们遇到感兴趣的区域，比如可能有潜在食物的区域，它们就会快速移动星鼻，对该区域进行更详细地调查。就像人类有视觉中央凹一样，星鼻鼹鼠也有触觉中央凹。鼹鼠的中央凹由位于嘴巴上方最下面的一对短附肢组成，它们被称为第 11 个附肢。就像视网膜中央凹一样，星鼻的这部分有密度最高的感觉神经末梢。此外，星鼻的快速运动可以将触觉中央凹重新定位到感兴趣的物体上，类似于视觉系统中的扫视。

这个类比更深入。我们的视觉系统中，不仅有眼睛和视网膜在围绕着高分辨率的中央凹旋转，人类还有特定的大脑区域专门处理来自视觉场景的这一部分信息。

哺乳动物的感观系统处理信息的特点之一是，会将来自感觉受体传来的信息组织成地形图像。视觉区提供来自视网膜的地图，听觉区提供耳蜗的地图（耳朵里的受体，是音调的地图），触摸区提供身体表面触感的地图。可能没有什么比星鼻鼹鼠的体感系统更能说明这种映射了。

研究发现

鼻子怎么知道的？

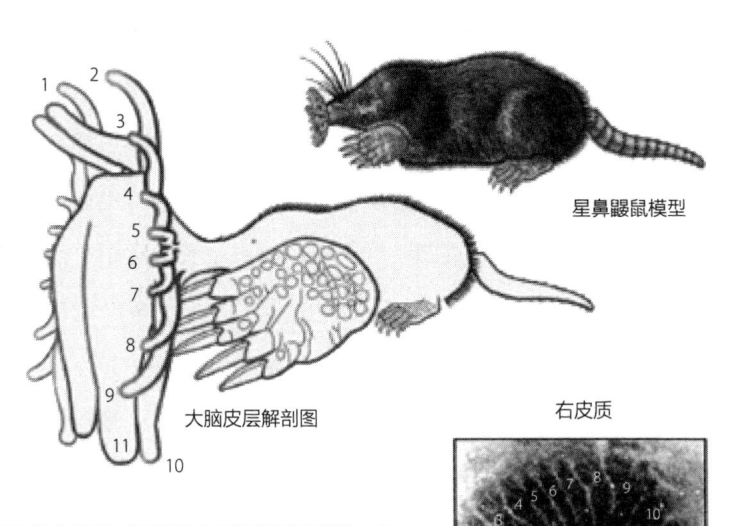

星鼻鼹鼠的皮层图谱揭示了附属物的重要性。如图所示，最敏感的附肢在大脑皮层中占据最大的空间（上图）。人眼最敏感的部位也是如此。皮层的组织也准确地反映了附属物的位置（右图）和它们的相对重要性。

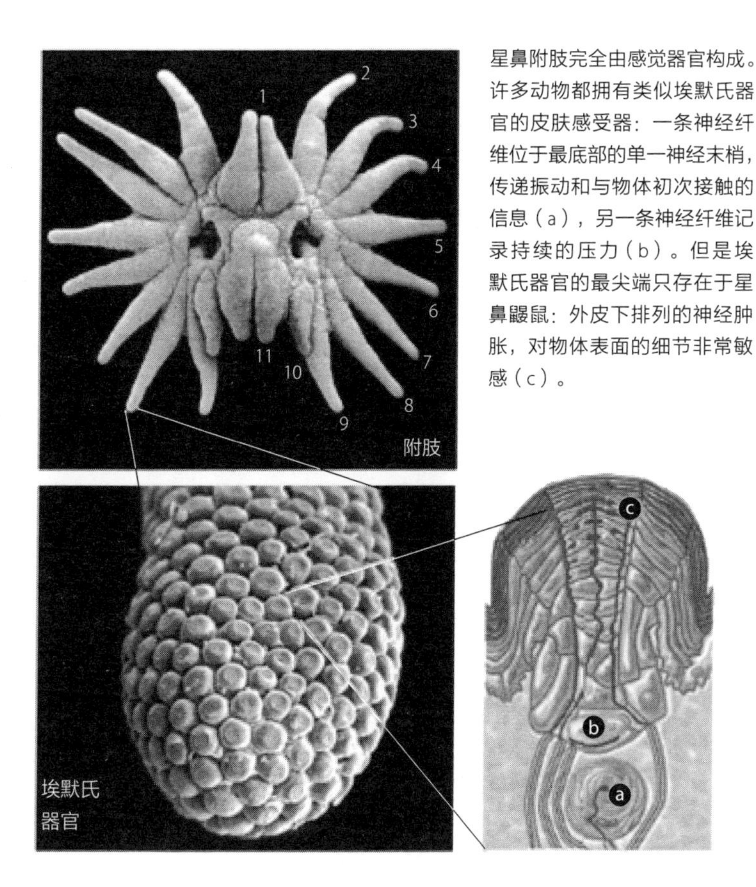

星鼻附肢完全由感觉器官构成。许多动物都拥有类似埃默氏器官的皮肤感受器：一条神经纤维位于最底部的单一神经末梢，传递振动和与物体初次接触的信息（a），另一条神经纤维记录持续的压力（b）。但是埃默氏器官的最尖端只存在于星鼻鼹鼠：外皮下排列的神经肿胀，对物体表面的细节非常敏感（c）。

插图：帕特里夏·斯隆（Patricia Sloan）；
显微照片：肯尼斯·C. 卡塔尼亚（Kenneth C. Catania）

触觉图表

我和范德堡大学的同事乔·H. 卡斯（Jon H.Kaas）一起研究了星鼻鼹鼠的大脑皮层组织。通过记录不同皮层区域的神经元活动，我们绘制了星鼻的神经表征图，标示了皮层中对应神经元的位置，以及大脑是如何对埃默氏器官的触觉刺激做出反应的。我们确定了三张不同的表征图，其中神经元的反应可以表明脸对侧鼻子的解剖结构。（在所有哺乳动物中，身体的左半边对应的大脑区域主要是在右侧皮层，反之亦然。）让我们惊讶的是，我们发现，这些表征图在大脑的各个部分都能看到，这些被染色为不同的细胞标记的部分，真的在大脑皮层中组成了星形的图案。

当我们比较大脑皮层图和附肢的大小时，我们注意到一个明显的差异。第 11 个附属物，是星鼻最小的附肢之一，却在大脑皮层中占有最大的比例。这种差异是被称为皮层放大的典型例子：最重要部分的表层感觉器官在大脑中会对应最大的皮层区域，而与动物感觉区域的大小无关。

同样的现象也出现在视觉系统中，视网膜中央凹在视觉皮层表征图中占有最大的份额。我们还发现，代表第 11 附肢的神经元对第 11 附肢上非常小的受体区域的触觉刺激有反应，而代表其他附肢的神经元只对较大区域的刺激有反应。这一现象反映了该区域拥有更高的灵敏度，可以以此映照视觉系统的组织。

星鼻鼹鼠体感中心凹的发现表明，这种组织结构是常见的构建高分辨率感觉系统的进化方案。拥有中央凹的视觉系统是人们最熟悉的，但听觉系统也可以有一个听觉中央凹，圣路易斯华盛顿大学的菅伸夫（Nobuo Suga）就在八须蝙蝠身上优雅地证明了这一点。许多蝙蝠通过发出一种频率范围很窄的回声定位呼叫，然后分析返回的音波来导航和探测猎物。蝙蝠的大部分听觉感受器，包括耳蜗中的毛细胞和大脑中的多数区域都用于分析回声的单个谐波对应的狭窄频率范围。这就是一个听觉中央凹的例子。

尽管很难想象，但是蝙蝠也有听觉版本的"扫视"。这是非常必要的，因为返回的回声会通过多普勒变换更改为不同的频率，这取决于蝙蝠和它的目标猎物（通常是一只不幸的昆虫）的速度，而回声的频率往往会落在听觉中心的频率范围之外。由于蝙蝠无法改变其听觉中央凹，所以它会不断地改变发出脉冲的频率，这样多普勒频移的回波就会落在其听觉中央凹的频率范围内。这种行为被称为多普勒频移补偿，相当于人类移动眼睛或星鼻鼹鼠移动星鼻，用表层感觉的高分辨率区域和大脑相应的计算区域来分析感官刺激。

哺乳动物的视觉系统、听觉系统和躯体感觉系统中存在感觉中央凹，这是趋同进化的一个戏剧性案例，指出了进化过程中构建复杂大脑的常见限制。毕竟，为什么不将整个感觉系统连接起来，直接获得高分辨率的输入，而不用再改变眼睛、星鼻或回声定位频率呢？一个很显著的原因是，如果要实现这个目标，大脑和传递感官信息的神经需要大幅扩张。

如果整个视网膜的分辨率都和中央凹一样，那么人类的大脑至少要增大 50 倍，那样的话人类的头可能大得没法穿过门了。

显然，将大脑的大部分计算资源用于感知系统的一小部分，然后像聚光灯一样移动该区域来分析世界的重要方面，这样效率更高。

大脑空域竞赛

正如经常发生的那样，我们对星鼻鼹鼠感觉系统提出的问题比得到的答案更多。首先，一个表层感觉的一小部分为何会对应这么大的大脑区域？传统的理解是在发育过程中，每个感觉输入在大脑皮层地图中获得的面积是相同的，因此感觉中央凹对应区域的扩大只是反映了从中央凹区域收集信息的神经元数量的增加。这个理论框架简单明了，表示每个感觉输入在大脑中都有相同的区域占有权。但是，一些研究对这种灵长类视觉系统的“民主”制评价提出了质疑，认为来自中央凹的输入信息比中央凹以外输入的信息分配了更多的皮层区域。

为了了解星鼻到底发生了什么，我们决定测量 22 个附肢相应的皮层表现，并将这些区域与每个附肢对应的神经纤维的数量进行比较。在计算了超过 20 万神经纤维之后，我们明显发现第 11 个附肢的感觉神经元对应的大脑皮层区域要比其他附肢对应的区域大得多。这是鼹鼠的躯体感觉系统和灵长类动物的视觉感官系统之间的另一个相似之处。这表明，不仅表层感觉的重要区域可以拥有最多数量的神经元，这些输入信息在平均面积之外还可以得到额外的计算空间。

然而，这一观察结果并不能解释这些感觉输入是如何在皮层图中占据大部分区域的。这个问题属于神经科学最吸引人的研究领域之一，因为皮层图的变化可能是解开动物如何学习复杂技能以及如何从脑损伤或中风中恢复的关键因素。一些研究表明，内在发展机制和后天经验累积可能共同影响大脑区域的形成和发展。

这些发现在星鼻鼹鼠的例子中尤其有趣，因为它是使用鼻子上不同的附肢接触猎物的方式来感知环境，这非常接近于在大脑皮层中附肢表现的放大模式。这种一致性表明，行为可能会塑造大脑皮层的组织方式。换句话说就是，内在发展机制与外在行为模式在大脑皮层发展中的意义是互相匹配的。这是一个关于先天与后天的经典问题。

发展的新星

观察星鼻是如何在鼹鼠胚胎中发育的，也许可以帮助澄清这个问题。因为星鼻的发育先于它在大脑皮层中的表现，所以来自星鼻的感觉输入有可能在关键发育时期影响大脑皮层地图的形成。

星鼻鼹鼠的胚胎是你能想象到的最奇怪的品种。虽然大多数胚胎看起来都奇怪，但星鼻鼹鼠的看起来尤其奇怪，因为其胚胎的手很大，也许为了以后可以更好地挖掘，而且鼻子显然是独一无二的。

对星鼻鼹鼠胚胎的研究发现，尽管第 11 个附肢在成年后形态较小，但是在胚胎发育的早期却是最大的附肢。我们也清楚地发现，星鼻上的埃默氏器官，以及每个埃默氏器官内的神经结构，都是在第 11 个附肢上首先成熟。这就好像这个附肢比其他所有的附肢都领先一步发育，只是其他的附肢后来在尺寸和数量上超过了它。事实证明，视觉系统中的视网膜中央凹也很是早就成熟的。

当我们检查躯体感觉皮层的相应模式时，我们发现代谢活动的标记首先出现在第 11 个附属物的表征中。这表明，中央凹的早期发育导致该区域的皮层发育更活跃，可能是这一原因导致了其在皮质表征图上拥有最大的区域。灵长类动物视觉系统发育的有力证据表明，在发育过程中，最活跃的感觉输入器官能够得到最大的皮质区域。但星鼻鼹鼠的早期行为模式，比如它们使用第 11 个附属物来哺乳，也有可能促进了皮质表征图中活动依赖型中央凹的扩张。

鼹鼠是如何进化出星鼻的

人们不禁想知道星鼻鼹鼠是如何进化的。对其胚胎的研究为星鼻鼹鼠的进化提供了一张路线图，或者至少为它神秘的鼻子的形成提供了一张路线图。形成星鼻附肢的发展不同于任何其他已知的动物。星鼻的附肢不是直接生长在体外，而是先形成圆柱体，朝后嵌在鼹鼠脸的一侧；然后，在发育过程中，这些细胞才慢慢地从脸上浮现出来，从皮肤上脱落；在出生后两周左右，向前弯曲形成成熟的星鼻。这种滞后的发育顺序表明，早期的星鼻附肢可能是平铺在鼹鼠鼻子两侧的感觉器官，而星鼻的形成，可能是经过许多代缓慢进化而来的。

当然，如果没有进一步的证据，这可能仍然是一个“不过如此”的故事。但是有两种鼹鼠，海岸鼹鼠（*Scapanus orarius*）和汤森鼹鼠（*S. townsendii*），它们的鼻子上有平铺着的感觉器官，而这些鼹鼠成年时期的鼻子与胚胎期的星鼻惊人的相似。这些中间形态有力地表明，可能是这样的祖先进化形成了我们今天看到的成熟星鼻。无论它们是如何形成的，这些可能性都有助于揭示先天发育机制和行为模式对皮层组织发育的影响。

丽鱼：一个物种的极度演化

阿克塞尔·迈耶（Axel Meyer）
薄　锦　译

在非洲的维多利亚湖中，演化史上一项非常伟大的实验正在悄然进行。向上追溯，湖中的丽鱼原本拥有相同的祖先，现在，它们逐渐发展出了五花八门的形态，变成了数量极为庞大的不同属种。就像因达尔文而扬名的那群雀类一样，这些丽鱼也是生物学教科书上定义“适应辐射”（adaptive radiation）一词的经典范例。

适应辐射是一种由单一祖先分化出多个属种，属种各自演化出可适应不同生态环境的特化器官的现象。当时，那群雀类在加拉帕戈斯群岛上演化出了各种形状与尺寸的鸟喙，能自由地选择不同种类的食物。现在维多利亚湖中的丽鱼也在不断分化出新的属种，甚至，这些丽鱼的分化速度要遥遥领先于达尔文熟悉的雀类：现在湖中就有 500 多个属种，这些属种几乎是在地质历史上弹指一挥间（约 1 万 ~1.5 万年）演化出现的，而那些雀类却耗费了数百万年的时间，才演化出 14 个新的属种。

维多利亚湖并不是丽鱼唯一的家园。非洲、美洲还有印度次大陆的尖角处，也有适宜于丽鱼生存的热带淡水湖与淡水河。它们在不同的地方自成体系，如果全部加在一起，可能会超过 2500 个属种。其中，在热带地区罗非鱼已被饲养为食用鱼，属于热带最重要的水产物种之一。其余大多数丽鱼，例如地图鱼和神仙鱼，则受到水族馆与养鱼爱好者的青睐，因为它们外形美观，还有很多有趣的求偶或繁殖行为。当然，也有很多丽鱼没有得到正式的描述。丽鱼可以与其他鱼类共同生存在一个湖泊中，但只有丽鱼以惊人的速度分化，形成数量众多的属种。的确，自然界中再没有哪种脊椎动物，能像丽鱼一样在属种的绝对数量和体型、颜色及行为模式上如此丰富和多变。在演化的过程中，丽鱼也有许多值得注意的地方，它们身上的特征总会反复出现，不同属种的丽鱼也能平行演化出许多相同的适应性特征。

很早以前，我和一些科学家就对丽鱼多变的形态感到好奇，很想知道到底是哪些因素让它们演化出这么丰富的差异性。基因组测序技术的新进步，让我们可以研究它们的 DNA，我们也因此找出了一些线索。虽然丽鱼背后的谜题还远未解开，但令人激动的是，我们已经发现了丽鱼基因组的一些独特性状，这或许就是它们能快速演化，重复出现某些特征的原因。在探索塑造这种鱼类的基因时，我们也能更深入地认识演化机制的内部结构，帮助研究人员解开所有物种的起源之谜。

变化多端的丽鱼

我们已经知道丽鱼变化多端，为了更清晰地了解这种变化到底有多神奇，我们分别考察了以下三地的丽鱼：东非的维多利亚湖、孕育了东非丽鱼大家族的马拉维湖和坦噶尼喀湖。马拉维湖中生存着 800 到 1000 种丽鱼；坦噶尼喀湖中的丽鱼演化自较早期的丽鱼，现在也分化出 250 多个属种，其中一种丽鱼已经发展到另外两处比较新的湖泊中，并在那里形成了适应辐射。这些丽鱼色彩各异，几乎显示出了彩虹上的所有色彩，体长也从 2~100 厘米不等。在不同的生存环境中，丽鱼演化出了不同的适应性，因此它们可以进食生存环境中任何一种你能想到的食物。食藻类丽鱼的牙齿扁平，和人类的门牙很像，这些牙齿能啃噬岩石表面上生长的植物；食虫类丽鱼的牙齿则又长又尖，可以帮助它们探入岩石的缝隙中获取猎物；埋伏型的猎食类丽鱼拥有巨大的颌骨，能前后伸缩，它们可以在几毫秒内吞掉毫无戒心的猎物。这仅是丽鱼各类特化器官中的一小部分。例如在食藻类丽鱼中，有些就演化出了在防浪带觅食的适应性；其他丽鱼仅能从普通的岩石堆中获取食物，有一些丽鱼能从特定的角度在岩石间进食，还有一些只能食用特定种类的藻类。

从东非丽鱼中的所有属种来看，一些高度特化的器官曾在演化中反复出现，甚至频繁到了令人瞠目的程度。例如，在这三处湖泊中，都生存着几种仅食用其他鱼类鳞片的丽鱼。它们全都演化出了与众不同的“内弯”齿，能勾住进食对象身上的鳞片。除了牙齿能适应这种进食习惯以外，它们的口颌也演化成了不对称的形状，张开方向要么只能永远朝左，要么只能永远朝右，无法自由操控。这是为了让丽鱼能更好地从某侧面刮取猎物身上的鳞片。“左撇子”丽鱼从猎物的右侧刮削鳞片，“右撇子”丽鱼则是从左侧刮削。自然选择让两种不对称口颌的丽鱼数量处于均衡状态。我和同事在坦噶尼喀湖一带搜寻到的刮鳞类丽鱼中，有半数是“右撇子”，另一半则是“左撇子”。这些刮鳞类丽鱼都有一整套特化器官，让它们能适应与众不同的生存方式。有趣的是，这些趋同的特征在之前提到的湖泊中至少先后出现过三次。

另一种先后出现过多次的特征，是特大号的鱼唇，出现这个特征的丽鱼专门捕食在岩缝中的食物。我和同事曾在讲解时提到过，这种唇形很像美国女影星安吉莉娜·朱莉（Angelina Jolie）

的嘴唇，它能起到密封和减震的作用，帮助丽鱼将猎物从藏身的地方吸出来。没有这种厚唇的丽鱼就无法高效地捕捉在窄缝中的猎物。让人惊讶的是，无论丽鱼在非洲几处的较新生存水域中，还是在新世界的繁殖地中，都有多种丽鱼平行地演化出厚嘴唇的特征。

同样，在一些没有直接血缘关系的丽鱼中，也各自演化出独特的花纹。大部分丽鱼都变异演化出黑色竖条纹，估计这种条纹能让它们逃过天敌的捕食。但在东非的这三处湖泊中，也有少量品种演化出横向的条纹。这种截然不同的条纹主要出现在活水环境的丽鱼身上，它们大多是游得非常快的肉食者，横条纹可能使身体易于隐蔽，让它们躲开生性警觉的猎物的视线。

不断变异不断演化

在演化过程中，丽鱼出现了高度特化的适应性特征，但不断分化出的多样性与平行演化之间似乎存在着矛盾，不得不让人进一步思考几个关键性问题。进食器官高度特化的丽鱼只能适应十分有限的食物来源，这就意味着一旦食物来源出现问题，该物种就会陷入困境。那么丽鱼是如何成功避免陷入困境的？其中一种解释是，丽鱼存在一种奇特的解剖结构，在所有的淡水鱼中，只有丽鱼才有。所有的丽鱼都有一对正常的口颌，除此之外，在咽喉处还有一对咽颌，它们就像电影《异形》中的那只怪物一样。

在吃下任何食物的过程中，都会先用口颌磨碎，再经过咽颌进行二次研磨与加工。这样一来，丽鱼既有能够磨碎食物的口颌，又有可以分解其他物质的咽颌，许多丽鱼都变成了既杂又精的“多面手”。换句话说，它们能够在演化出特化器官的同时，保留对各类食物的广泛适应性，以备在食物出现危机，或者在环境中出现更好的食物时，及时适应。

咽颌的出现解释了丽鱼为什么能够抵抗特化带来的风险。但它们是如何产生这种新颖的演化方式？都有哪些因素使它们能迅速使控制性状的基因发生改变？同样的适应结果又是如何反复出现在不同的属种间？最近，因为基因组快速测序法的出现，我和70多名来自世界各地的研究人员组成了一支研究团队，试图回答这些问题。我们逐渐找到了丽鱼能取得成功的原因。2016年，我们首次获取了丽鱼基因组中的DNA序列。除了5种非洲丽鱼的完整序列，我们还得到了60条鱼类个体的DNA序列片段，它们都生活在维多利亚湖中，与丽鱼在血缘上属近亲关系。通过这5种基因组的相互对照，同时也与另一种亲缘关系较远的棘鱼（在多样性上弱得多）基因组进行对照，我们已经能识别出丽鱼基因组中多种独有的特性，它能帮助我们解释这个族群为什么会产生这么惊人的多样性。

研究丽鱼基因组的首要问题之一，是弄清楚导致氨基酸发生突变的因素。蛋白质在细胞中担任着十分重要的角色。基因中包含着如何排列氨基酸的信息，细胞会按基因提供的信息，把氨基酸排列起来，合成特定的蛋白质。如果含有变异氨基酸的蛋白质含量超标，基因就存在突变的可能。如果刚好处在选择压力比较大的生存环境中，丽鱼就会因为这些突变使演化的速度加快。换言之，如果生存压力特别大，那些身体中含有由变异氨基酸组成的蛋白质的鱼，就能发展出新的性状，从而获得有利生存的技能或繁殖优势。我们发现，与其他丽鱼科的鱼相比，罗非鱼的演化表现并不明显，但在它们身上出现的突变数量，也比棘鱼要多很多。而那些生存在马拉维湖和维多利亚湖中的丽鱼，不仅外形和特征繁复多变，突变的数量还比罗非鱼高出 3~5 倍。据我们所知，丽鱼中许多受到突变影响的基因都会在颌骨的发育上表现出来，鉴于丽鱼对食物来源的适应性如此之高，这个发现也算找到了源头。在这种情况下，作用在多处基因上的选择压力，成了加速丽鱼新物种形成的一种机制。

一些单一基因也能直接控制丽鱼的特征。我们已经发现了通过某单一基因能决定丽鱼条纹朝向的证据。研究决定条纹的基因，就是在研究能直接控制生物体的某些结构和外观出现重大变异的基因，它能够帮助我们理解为什么丽鱼会出现大量不同的属种。

怀着同样的热忱，我们也研究了丽鱼基因组中单一基因的多份拷贝。科学家在几十年前就已经发现，基因片段的重复是基因功能能够迅速发生分化的重要机制，这一机制一般是因为DNA复制过程中出现了错误。简言之，如果一段基因出现了重复，新的副本就可能会发生变异，这是在不丢失对应基因遗传信息的基础上进行的，因为另一份副本依然有效。基因以这种方式发生突变，可以帮助生物适应周边的环境。通常，在不损害生物生存的情况下，基因能发生的变异相当有限。基因组分析的结果表明，丽鱼发生基因重复的概率要比“正常”的棘鱼高出5倍。

我们试图分析出第三种基因组机制，这种机制叫作“跳跃基因”（jumping genes）。在一只普通鱼类的基因组中，跳跃的基因占总基因数的16%~19%，表面上看，这种基因并没有什么用，但它能自我复制，从基因组的一处位置跳到另一处。如果跳跃到新位置后，重新搭配起来的基因发生功能的改变，影响了蛋白质的编码和蛋白质的性质，那它就会成为驱动丽鱼演化的重要力量。在丽鱼的基因组中，我们发现了数次因基因跳跃而产生的快速积累，其中某一次集中发生基因跳跃的时期，恰好与维多利亚湖中丽鱼快速演化的阶段相吻合。这种时间上的吻合意味着，跳跃基因或许对丽鱼的快速演化形成了促进作用。

对于通常很少出现变异的DNA序列，我们也做了检查。基因组中并不编码蛋白质的基因片段，往往会在大尺度的演化过程中表现出高度保守性。我们称之为保守非编码元件（Conserved

Noncoding Elements，简称 CNE）。一般情况下，CNE 不像非保守的基因一样，随着时间增长一直积累变异，使鱼类演化出特殊特性，形成不同的属种。但对丽鱼来说，这些 CNE 可能也会影响基因的功能。在不同的丽鱼品种中，都拥有大量相同的 CNE，一些与它们亲缘关系较远的棘鱼也同样如此。进一步观察，我们发现，尽管不同品种丽鱼的 CNE 非常相像，但是它们的 CNE 变异更明显，已经超出了我们对普通 CNE 的认识。从丽鱼基因组对照实验中，我们发现，在个别的丽鱼血统中，约有 60% 的 CNE 发生了明显变异。这个百分比高得惊人，它意味着与 CNE 相关的基因可能已经发生了功能上的变异。在随后的一系列实验中，研究者们想到，可以通过将相关遗传物质嵌入斑马鱼（也是丽鱼的一种）基因组，检测丽鱼原有的保守基因与变异后的 CNE 的功能。实验发现，变异后的 CNE 确实激活了相关的基因。CNE 的改变就像是一个的信号，表明 CNE 的变异也在帮助丽鱼产生不同的特性，演化出新的属种。

另一种在不同物种中普遍表现出高度保守性的遗传物质，是 miRNA（mirco RNA）。miRNA 是一种小型分子，它就像是基因开关，能够告诉基因应该在何时何处开始工作。在丽鱼身上，我们十分惊讶地发现了 40 种以前从未在其他鱼类身上见过的 miRNA。接着我们又研究了丽鱼的胚胎，查看这些 miRNA 控制着哪些基因的开关，影响了什么生理特征。结果显示，它们会按照十分规律的方式工作，只激活或关闭特定组织中的基因。miRNA 的工作有明确的目的性，这也显示出，可能就是因为它们才使精确地塑形成为可能，让丽鱼拥有形形色色特化的进食器官以及其他特征。

要完全理解丽鱼基因组中近百种 miRNA 的工作方式，还有很长的路要走，我们需要更深入地研究它是否真的促进了演化变异，又是如何促进的。不过我们相信，它们是使丽鱼发生变异的有力候选者。我们猜测，miRNA 可以抑制基因在错误地点和时间的表达，从而在编排这段复杂的基因之舞时，增强基因表达的精确性。借助基因间的相互作用，miRNA 可以演化出存在细微差异的牙齿、颌骨、体色花纹，以及不同的求偶行为，而这些细微的不同正是适应性与物种形成的基础所在。

基因组内的线索

对非洲丽鱼基因组进行测序与分析后，我们发现了大量可能促使丽鱼迅速分化、形成多个属种的内在机制。其中部分机制还能解释这种鱼类的另一大谜团：十分显著的平行演化。它是指，在不同的分化过程中，能一次又一次地在不同属种的鱼身上，出现相同的高度分化的特征。

丰富的突变

在丽鱼编码蛋白质的基因中，存在数量非常巨大的突变。这意味着这些基因都处在高度的选择压力下，需要快速演化。

基因复制

丽鱼的基因组进行基因复制的速度非常快，在此期间，DNA 复制中的错误会产生多段基因的副本。多余的基因副本可在不危及丽鱼自身的情况下发生变异，从而帮助丽鱼适应周围的环境。

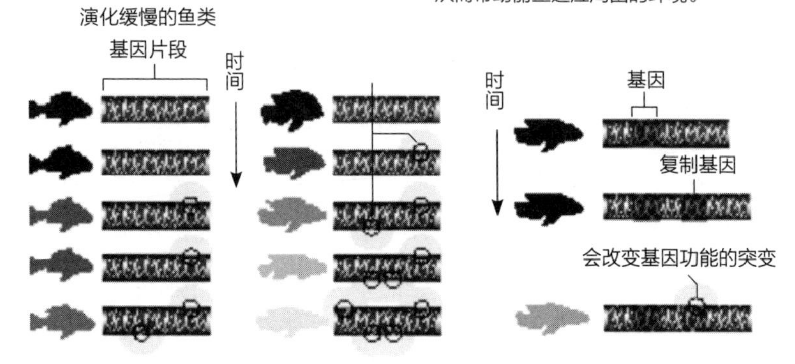

跳跃基因

跳跃基因又被称为“转座子”，它能在自我复制的同时，从基因组中的一个位点转移到另一个位点。在某些情况下，这种跳跃能够改变编码蛋白质的基因和蛋白质的功能。我们猜测，丽鱼经历过多次跳跃基因迅速产生的事件，能加速物种演化。

通常不会发生变异的 DNA 突变

在复制的过程中，部分并不编码蛋白质的基因组通常具有很高的保守性，这很可能是因为它们会影响到基因功能的原因。丽鱼在这些区域的部分片段上，会出现明显高于预期值的变异数量，它表明，相关基因会在功能上发生改变。

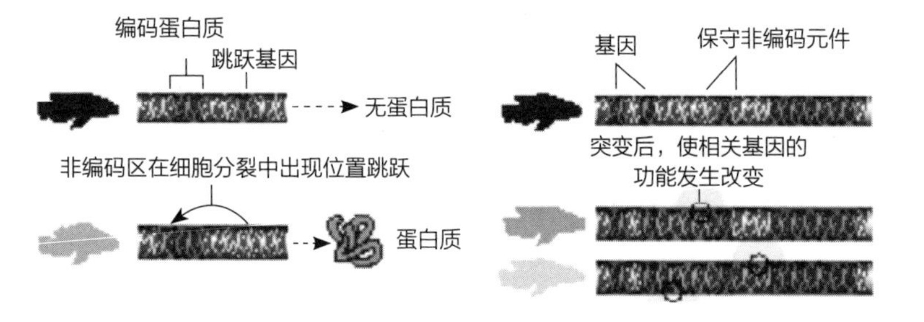

特异 miRNA

一种名为 miRNA 的小段遗传物质，可将基因激活或关闭，它同样具有高度保守性。不过丽鱼拥有大量特异的 miRNA。加上它们在特定组织上的基因控制能力，可以为丽鱼多种特异化器官的稳定演化提供有力的保障。

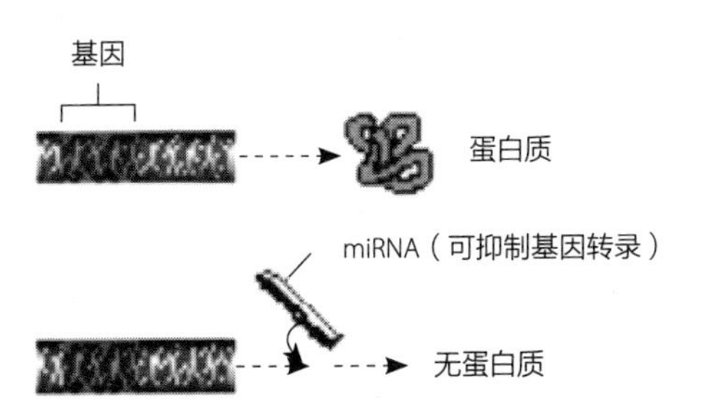

插图：詹·克里斯蒂安森（Jen Christiansen）

新瓶装旧酒

对丽鱼基因组进行的初步研究表明，新的随机性突变，在丽鱼壮阔的演化过程中扮演了十分重要的角色（如在 CNE 中所看到的那种，或者孕育出新型 miRNA 的那种）。但是，我们怀疑，由重复基因和跳跃基因引发的变异，已经在早期完成了大部分的工作。这些变异静悄悄地潜伏在基因里，直到新的生态环境突然出现——例如，那些生存在江河里的丽鱼祖先，在转移到充满了空余生态位的新生湖泊后产生的变异——为它们带来了生存优势。此时，自然选择会发挥作用，使能适应新环境的物种大量增殖。

之所以得出这样的结论，是因为在研究丽鱼的基因组时，我们无法在它们身上找到多少固定不变的基因差异。也就是说，很少能让同一物种的所有品种都携带同样的变异基因。事实上，即便是鱼类已经不断分化，从最早的祖先逐渐演变成一个新的物种的情况下，物种的基因库中还是会保留早期的基因变异。年轻的物种也不是只保留来自它们直系祖先的古老 DNA，还可能拥有微弱变异的 DNA，它们完全可以和血缘相近的物种进行混种或杂交。这种基因上的混合，可以让新的变异跨越物种的分界自由流动。其中可能有很多原本就存在的变异，它们在需要时，就可以拿出来循环利用。保留古老的变异基因，除了为丽鱼快速演化提供动力外，还能帮助我们解释，同一种高度特化的特征是如何在不同属种间反复出现的。

我们的研究发现，丽鱼的一些特征（对称的颌骨、安吉丽娜·朱莉一般的嘴唇）并不是每次都会重新出现，反倒是相同的基因和基因开关曾被一再调用。现在，我们也在等待实验的结果验证这一假说。

本文所描述的基因组机制，并不是丽鱼演化的唯一驱动力。毫无疑问，环境因素的变迁对丽鱼的花纹形成和分化速度产生了至关重要的影响。现在这些鱼类生活在世界各地，丽鱼在不同属种中表现出的差异，也支持了我们这一猜测：在非洲和中美洲的尼加拉瓜，那些栖息地更为复杂，也提供了更多的生态位的湖泊中所出现的辐射分布，要比那些栖息地较为简单的湖泊中的辐射分布中拥有更多的属种。除了因丽鱼本身的演化填补了这些生态位，形成新物种以外，当丽鱼的皮肤颜色发生变化后，雌鱼也会逐渐培养出对特定体色的偏好。这也能使在不同环境下演化出的丽鱼，表现出更多元的特征。

现在，我们已经完成了基因测序，也通过强大的新技术对这些数据进行了分析，在未来，我们对丽鱼的认识一定会快速进步。但我们还有东西需要学习，我预计，在未来的 15 年中，研究丽鱼新属种的形成机制，仍会非常热门。

基因组和 DNA 除了将不同的物种区别开来，它们也将所有有生命的物质联系在了一起。届时，通过不断的研究，我们会对这种独特的语言，形成更深入的认识。

虎鲸：一个演化特例

吕迪格·里希（Rüdiger Riesch）
宋　阳　译

在加拿大不列颠哥伦比亚的马尔科姆岛布满卵石的海岸边，“女神探索者”号观鲸船在夏洛特皇后海峡的水域中轻轻地晃动着。清晨的雾气大部分已经在太阳的照射下蒸发了，只剩下薄薄的一层笼罩在岛上的雪松、冷杉和云杉的尖端。我在船上看到了虎鲸三兄弟克拉克罗夫特（Cracroft）、普伦普尔（Plumper）和凯卡什（Kaikash）正在浅滩光滑的石头上轻柔地摩擦着身体。它们已经在这里待了将近一个小时，很快就会离开这里重新寻找鲑鱼或其他同伴。

我们尚不清楚这些虎鲸为何会在海滩附近摩擦身体，大多数专家认为这一行为可以帮助它们清除死皮和外寄生虫，但也可能仅仅是为了好玩。不管是出于何种动机，这种在其他鲸类中难得一见的行为却在这一地区十分普遍。这种行为是北方居留型虎鲸特有的文化结构的一部分，它们每年夏季都会回到温哥华岛北部的海域。

北方居留型虎鲸并不是唯一一个有着独特行为的虎鲸种群。20 世纪 70 年代以来的观测记录表明，从狩猎到交流，全球的各个虎鲸种群都有着它们独特的生活方式。不同的虎鲸种群之间也存在着形态差异，如体色、体型大小和背鳍形状。这些文化与形态上的差异，以及过去十多年间所记录的惊人的基因多样性，让我和很多研究者意识到，现存的虎鲸种群并不是我们早先认为的单一物种，它们正沿着各自的道路独立演化。也就是说，虎鲸似乎正在分化成不同的物种，如果这个过程继续下去，不同的种群间最终将产生生殖隔离。

有趣的是，它们的文化差异可能起到了推进分化进程的作用：虎鲸似乎会选择与习性高度一致的个体交配，并排斥文化不同的个体，而这种偏好为新物种的形成提供了条件。如果这一观点成立，那么虎鲸可以提供一种不同于传统理论的物种形成新机制。它们或许可以让我们更深刻地理解另一群生物——智人和其他已经灭绝的原始人类是如何分化形成不同的物种的。

虎鲸的多样化

一个多世纪以来，生物学家一直在从地理角度来解释物种是如何产生的，也就是所谓的异域成种，即两个有着共同祖先的种群由于某种地理上的障碍（可能是山脉、沙漠或河流），中断了两个种群间的基因交流。如果分离持续足够长的时间，随着时间的推移，每个群体将遵循其自身的演化轨迹，获得不同的基因，这些基因通过遗传漂变（genetic drift）的过程随机累积，从而帮助它们在不同的环境下生存。最终，这两个种群的基因可能出现较大的差异，以至于即使再次接触也无法交配。

大量实例已经证明，地理隔离确实推动了新物种的形成，如分布在巴拿马地峡两侧不同种类的鼓虾，以及只在美国加利福尼亚州和内华达州孤立的热泉中发现的鳉鱼等。然而，有时两个或更多的亚群会在相同的地理区域内出现，并最终分化成不同的物种。

包括德国著名演化生物学家恩斯特·迈尔（Ernst Mayr）在内，很多科学家认为，隔离在物种形成的过程中是必不可少的，因此完全在同一片区域内形成新物种几乎是不可能的。但近期的研究却表明，地理隔离并不是物种形成的必要条件。

事实上，生物学家现在已经广泛接受了这一观点。包括在非洲和中美洲尼加拉瓜的火山口湖中发现的多样性惊人的丽鱼，以及在太平洋豪勋爵岛上发现的荷威椰子属的棕榈树，这些物种的演化都不需要地理隔离。按照生物学家的说法，这些物种经历了同域成种的过程。对丽鱼来说，物种分化似乎是由不同的丽鱼在食性上的分化导致的，而荷威椰子则是产生了花期上的分化。但是，同域成种的例子在哺乳动物中却鲜有记录，这也使得虎鲸的例子更加有趣。

虎鲸在一些地区也被称为黑鲸，是地球上除了人类以外分布最广的哺乳动物。所有大洋中都有虎鲸分布，它们一天可以迁移超过 100 千米，或是在几周之内迁移数千千米。在广阔的海洋中，并不存在阻断种群间交流的地理隔离，然而科学家已经证明，在很多海域中，不同生态型的虎鲸之间的关系可能并不紧密。比如某一种生态型主要以某种鱼类为食，而另一种却可能偏好鳍足类（例如海豹、海象和海狮）。

北太平洋东部的几个生态型的虎鲸是目前研究最为充分的虎鲸类群。对这些虎鲸的研究开始于 20 世纪 70 年代初，加拿大科学家迈克尔·比格（Michael Bigg）取得了许多引人瞩目的发现。首先，他注意到不同虎鲸的背鳍形状与大小、背鳍后灰白色的鞍状纹的形态大小与颜色都存在差异。生物学家可以利用这些特征来对虎鲸的个体进行识别，正如法医利用面部特征和指纹识别人类一样。

其次，比格和他的同事，包括来自加拿大渔业和海洋部的约翰·K. B. 福特（John K. B. Ford）和格雷姆·M. 埃利斯（Graeme M. Ellis），以及华盛顿州鲸类研究中心的肯尼思·C. 鲍尔科姆三世（Kenneth C. Balcomb III）发现，美国和加拿大西海岸的海域中有 3 种不同生态型的虎鲸共存，即所谓的居留型、过客型和远洋型。居留型虎鲸专门捕食鱼类，尤其是鲑鱼；过客型虎鲸则主要以其他海洋哺乳动物为食，偶尔也会捕食海鸟；而远洋型虎鲸专注于两种鱼类：狭鳞庸鲽和太平洋睡鲨，不过由于远洋型虎鲸十分罕见，所以我们对它们的习性仍知之甚少。

近年来，由莫斯科大学的奥尔加 · A. 菲拉多娃（Olga A. Filatova）、俄罗斯科学院的亚历山大 · M. 布尔金（Alexander M. Burdin）以及英国鲸豚保育学会的埃里克 · 霍依特（Erich Hoyt）领导的研究项目表明，在西北太平洋堪察加半岛附近的俄罗斯海域中，同样存在着分别与东太平洋的居留型虎鲸和过客型虎鲸相似的虎鲸生态型。因此我们现在知道，居留型虎鲸与过客型虎鲸的分布范围或多或少有所重叠，从东北太平洋经阿留申群岛一直到延续到西北太平洋。

在相隔半个地球的冰岛、设得兰群岛和挪威周围的东北大西洋海域生活的虎鲸种群也有着自己的食性偏好。英国坎布里亚郡大学的福尔克尔 · B. 德克（Volker B. Deecke）和瑞士伯尔尼大学的安德鲁 · D. 富特（Andrew D. Foote）等科学家记录了两种虎鲸的食性：北大西洋 1 型虎鲸以鱼类为食，尤其是鲱鱼和鲭鱼，而北大西洋 2 型虎鲸则会捕食鳍足类。当然，生物学家还需要更多的研究以充分了解不同群体间的食性差异。

南半球同样存在着这种情况。美国海洋和大气管理局的约翰·W. 杜尔班（John W. Durban）、罗伯特·L. 皮特曼（Robert L. Pitman）和同事在南极和亚南极海域发现了至少四个不同的虎鲸生态型：南极 A 型虎鲸似乎专注于捕食南极小须鲸；南极 B 型虎鲸又可以分为两个类型，体型较大的浮冰型虎鲸主要以鳍足类为食，体型较小的哲拉什型虎鲸则青睐企鹅；南极 C 型虎鲸是已知体型最小的虎鲸，它们捕食鳞头犬牙南极鱼；亚南极 D 型虎鲸与北太平洋的远洋型虎鲸一样，似乎是一类难以捉摸的外海型虎鲸，亚南极 D 型虎鲸会从鱼线上掠夺小鳞犬牙南极鱼，但它们也可能以其他猎物为食。

当科学家意识到虎鲸中存在着这些不同的类型，他们开始探寻这些不同群体的起源。分化时它们是生活在同一地区，还是已经彼此分开，直到走上了各自的演化道路后又汇聚到同一片区域生活？

对于北半球的虎鲸而言，目前的证据显得不够充分。富特与同事的研究表明，北太平洋的虎鲸在有地理隔离时分化（异域成种），英国杜伦大学的艾伦·鲁斯·赫尔茨尔（Alan Rus Hoelzel）与合作者的分析则显示，这些生态型的虎鲸可能是长期共存的，即同域成种。不过，南极虎鲸的分化过程更加明确：大部分南极虎鲸生态型都是同域成种。

有趣的是，这些现在生活在同一区域的虎鲸最初的分化过程极其迅速。2017 年 5 月，富特和同事报告说，他们对来自北太平洋和南极的五个不同生态型的虎鲸进行了基因组分析，结果表明它们都是由生活在 25 万年前的共同祖先演化而来的。究竟是什么原因导致了它们的分化？

圣迭戈海洋世界的繁殖记录表明，从北大西洋和北太平洋捕获的不同生态型的虎鲸在圈养条件下可以进行交配并产生可育的后代，这与驴和马交配产生无生育能力的骡子完全不同。因此遗传上的差异并不能阻碍不同种群在自然条件下交配，越来越多的证据表明，文化上的差异才是导致虎鲸不同种群分化的主要原因。

文化冲突

与其他生物的成种过程相似，虎鲸在食性方面非常多样化，并且演化出了一系列特征来帮助它们获取食物。这些特征可能是物理层面的，比如以海洋哺乳动物为食的虎鲸往往体型更大、更为强壮。但最引人注目的特征却是与捕食相关的文化行为。由于这些行为仅在固定的群体中被发现，并且似乎在同一群体的成员之间传递，通过社会交际代代相传，而不是虎鲸与生俱来的，因此生物学家认为这些是“文化”的体现。

比如，一些以海洋哺乳动物为食的虎鲸种群故意将自己搁浅在海岸上，以捕食没有经验的海狮和象海豹幼崽。科学家已经在两种生态型的虎鲸群体中发现了这种独特的行为：一个群体栖息在非洲和南极洲之间的印度洋克罗泽群岛附近的水域中，另一个则生活在大西洋沿岸的阿根廷瓦尔德斯半岛附近。显然，这两个相距甚远的群体分别独立发明了这种狩猎技巧，以适应它们的猎物种类和捕猎场所的地理环境，这些地区的深水通道和河口让这些虎鲸可以在离猎物还有一英尺（约 30 厘米）时仍能将大部分的身体安全地留在水中。

在南极海域，为了捕食海豹等鳍足类动物，体型较大的南极 B 型浮冰型虎鲸发明了另一种高超的狩猎技巧：冲浪战术。海豹经常趴在较小的浮冰上，在那里它们可以安全地避开大部分捕食者。但浮冰型虎鲸能够制造波浪将海豹冲进水里，从而轻易地捕获它们。

在冰岛和挪威，以鱼类为食的北大西洋 1 型虎鲸则开发了一种完全不同的鲱鱼捕食策略——旋转木马式捕食。在捕食时，一群虎鲸会将鲱鱼群驱赶至水面附近，鱼群构成一个紧密球体，随后虎鲸群体中的成员游向鱼群，用尾鳍拍打鱼群，以击昏并杀死其中的鲱鱼。

虎鲸间交流方式的差异也取决于它们的食性。事实上，正是在它们的声学信号中，科学家发现了最令人惊讶的文化多样性。与海豚一样，他们使用三种不同的声音信号：回声定位的嘀嗒声，用于导航和定位猎物；脉冲式信号和哨声，这两者都用于与同类通信。不同区域中虎鲸的脉冲信号和哨声有所不同，而且同一地区的不同种群间也有差异。

当我们认识到不同生态型的虎鲸面临的生存挑战各不相同，

就很容易理解为什么同一区域内不同虎鲸声学信号的产生和使用都存在差异。例如，以海洋哺乳动物为食的虎鲸所面对的猎物拥有优秀的水下听觉，这些猎物可以通过窃听虎鲸发出的声学信号来确认它们的存在，从而逃避捕食。因此，东北太平洋的过客型虎鲸和北大西洋同样以海洋哺乳动物为食的 2 型虎鲸很少使用声学信号，它们在大部分时间内都通过沉默的“隐身模式”游泳和捕猎。而以鱼类为食的虎鲸则无须面对这样的问题，所以它们经常相互聊天，在导航和追踪猎物时也不会吝啬使用自己的回声定位能力。

此外，我自己的一些研究表明，虎鲸的很多脉冲信号和哨声都已经高度模式化了，也就是说，这些信号可以进一步细分为离散的声音，就好比字母表中的字母。（不过没有任何证据表明，虎鲸像我们人类使用单词和句子一样使用这些信号。这些信号的含义似乎源于当时的语境。）这些离散的声音展现出地理区域和生态型上的差异，但同一生态型的不同社会群体间也常有区别。例如，在温哥华岛中部至阿拉斯加东南部的水域中，以鱼类为食的北方居留型虎鲸的每个家庭单位都有 7 到 17 种独特的离散叫声。使用同一种方言的虎鲸家族被分入同一个声学氏族：如北方居留型虎鲸的 A 氏族、G 氏族和 R 氏族。

虎鲸不同的离散叫声类型和家族方言十分独特，因此研究人员只通过一头虎鲸的叫声就可以确定它所属的生态型、氏族

（比如南方居留鲸）甚至是家庭。这些差异在配偶选择中也非常重要。温哥华水族馆海洋科学中心的兰斯·巴雷特－伦纳德（Lance Barrett-Lennard）对北方居留鲸的基因分析表明，叫声的相似程度很大程度上反映了遗传上的相似性。虎鲸绝大多数的交配都发生在同一生态型不同氏族的成员之间，这些氏族之间的叫声有所区别。这个发现意味着，北方居留鲸可能认为其他北方居留鲸氏族的叫声听起来比自己氏族的更有吸引力。因此，不同的方言可能成了防止虎鲸近亲繁殖的巧妙机制。

不同生态型的虎鲸有着各自的习性，它们似乎不喜欢和来自其他生态型的外族交流或是交配，尽管它们完全有能力这么做，这表明正是文化差异导致了虎鲸各个生态型产生分化。最终，如果分化持续足够长的时间，这些不同生态型的虎鲸可能会产生额外的 DNA 差异，并导致基因不相容。因此，在虎鲸社会中，文化差异可能取代了地理隔离，通过阻止不同种群间的融合来促进物种的分化与新物种的产生。

关于虎鲸的发现可能为我们对人类演化过程的认识提供启发。人类学家的传统观点是，外部环境中的选择压力塑造了我们的演化。但最近的遗传分析表明，我们的演化过程很大程度上可能与某些区域性的文化创新有关。奶牛养殖的出现推动了某些欧洲和非洲人口的乳糖耐受性的演变；格陵兰岛上因纽特人的高脂饮食则促进了当地人口脂肪代谢效率的提高。尽管所有的现代人都属于同一物种，但在人类的史前时期，曾有多个早期人类物种共存于这个星球上。在人类家族早期成员的演化过程中，文化是否同样起到了关键的作用？

分道扬镳

尽管在揭示虎鲸如何分化的问题上取得了惊人的进展，但科学家仍然有很多东西需要学习。在研究较少的地区，是否也在同域分布着不同虎鲸生态型？一些初步研究表明，非洲、南美以及南亚附近海域都可能存在不同生态型的虎鲸。另外，南极和亚南极海域的虎鲸是如何交流的，它们的社会结构又是什么样的？随着现代技术手段使得基因组研究不断深入，物种研究的未来，特别是虎鲸研究，看起来充满了希望。也许在不远的未来，各种新技术将使我们明晰不同的虎鲸种群在分化过程的各个阶段的地理分布情况。

我们知道，文化可以将生活在同一区域的虎鲸种群分隔开。也许几年之后，生物学家会将这些不同生态型视作不同的虎鲸物种，每一种都生活在海洋中的某一片特定区域，都有自己独特的习性，每一种都有可能继续分化，在生命之树上延伸出更多的新枝。

霸王龙的崛起

斯蒂芬·布鲁萨特（Stephen Brusatte）
李锐媛　邢立达　译

在 2010 年一个闷热的夏日，江西赣州某工地上正在挖地基的一名建筑工人突然停下了手里的工作，他的铲斗装载机撞上了非常坚硬的东西。他下车查看时，已经做了最坏的打算，那玩意也许是难以穿透的岩基、老旧的供水管或者其他麻烦的东西，说不定还会延长施工队的工期，而他们正在为新的工业园赶工。但是，当所有灰尘都落下时，眼前的发现却出人意料：他撞上的是大量的骨骼，有些还非常巨大。

因为这项重大发现，当天的施工计划暂停了。这名工人无意中找到了近乎完整的恐龙骨架，它是与霸王龙（也称“君王暴龙”）有亲缘关系的新品种，非常奇特。几年之后，在中国研究恐龙的一位同行邀请我一起研究这具标本。就在 2014 年 5 月，我们发现它是暴龙家族中的最新成员：虔州龙（*Qianzhousaurus sinensis*）。正式名称比较拗口，于是我们根据它长长的吻部取了一个逗趣的昵称："匹诺曹暴龙"。

在过去的十年中，包括虔州龙在内，人们接连发现了多种新的暴龙类恐龙，这逐渐改变了人们对它们的看法。自从一个多世纪前发现霸王龙以来，这些体长 13 米、重达 5 吨的巨兽就成了万众瞩目的焦点，但它们的演化史一直成谜。在 20 世纪，科学家又发现了几种同样巨大的暴龙类近亲，它们的出现显然不是偶然。虽然，这些巨大的掠食者在恐龙谱系中形成了自己的分支，但科学家依然没有弄明白一些非常基础的问题。暴龙类最初在什么时候出现、祖先是谁、为什么能够长得这么巨大，又为什么能占据食物链的顶端？

过去 15 年中，科学家在世界各地发现了将近 20 种新的暴龙类恐龙，其中包括来自蒙古沙漠和北极圈冻土的样本。这些发现帮助科学家建立起了暴龙的族谱。在暴龙类出现后的大部分时间里，它们只是身处边缘的肉食性恐龙，体型和人类相差无几，直到恐龙时代的最后 2000 万年中，才拥有了庞大的身躯并在生态圈里占据统治地位。所谓的"恐龙时代"始于 2.5 亿年前，贯穿三叠纪、侏罗纪和白垩纪。这些恐龙之王并不是巨型掠食者世家的子弟，实际上，它们出身卑微，不过是暴龙类中最后的幸存者。当时，暴龙类的种类之多令人目瞪口呆，它们的足迹曾遍布全球，直至6600万年前的小行星撞击地球后，才让世界从“恐龙时代”改朝换代进入“哺乳动物时代”。

霸王龙的“诞生”

在发现霸王龙（T. rex）之后，人们才逐渐揭开暴龙家族的神秘面纱。亨利·费尔费尔德·奥斯本（Henry Fairfield Osborn）就是霸王龙的发现者，他是美国20世纪初最著名的科学家之一。他曾担任美国纽约自然历史博物馆馆长和美国科学艺术学院院长，也是《时代》杂志的封面人物。但是他以公谋私，用自己手中掌握的平台推行优生论和种族优越论。现在，大家常常批评他为旧时代的偏执狂。但是奥斯本是一位智慧的古生物学家，也是优秀的科学管理者。他最卓越的成就之一，就是派遣“化石猎人”巴纳姆·布朗（Barnum Brown）前往美国西部寻找恐龙。

布朗性情古怪，有时候，在大夏天也会裹着长及脚踝的皮毛大衣寻找化石，他还靠帮政府和石油公司打探消息挣外快。不过这家伙拥有敏锐的直觉。1902年，他获得了古生物史上非常著名的发现：蒙大拿荒野中巨大的肉食性恐龙。

在发现后的几年中，奥斯本描述了这只恐龙，还给它起了一个经得住时间考验的名字：霸王龙，意为“蜥蜴暴君”。霸王龙因此一炮而红，登上了全国媒体的头条。奥斯本和布朗也成了有史以来最巨大最残暴的陆生掠食动物的发现人。

霸王龙成了真正恐龙名流，全世界都把它们当成电影和博物馆展览的明星。但是盛名之下仍有未解之谜，科学家几乎用了整个 20 世纪来思考一个问题：霸王龙在恐龙演化史中有着什么样的地位。霸王龙是个异类，不仅比其他已知的掠食恐龙大，而且还与它们截然不同，科学家很难在恐龙家族中给它找到合适的位置。

在接下来的几十年中，其他古生物学家也发现了好几种霸王龙的近亲，它们差不多生活在 8400 万 ~6600 万年前晚白垩世的北美和亚洲。这些暴龙类恐龙（包括艾伯塔龙、蛇发女怪龙、特暴龙）都和霸王龙非常相似，它们都是硕大无比的顶级掠食者，都在恐龙时代最后的时光里兴盛繁荣。虽然它们的化石让人十分震惊，但可惜的是，它们无法为暴龙类的起源提供太多信息。

从瘦小走向强壮

近期很多新发现能帮助我们填补暴龙类领域巨大的知识空白，而这些新发现的发掘地多少有些出人意料。在老套的化石猎人的故事中，无所畏惧的古生物学家们前往北美西部、阿根廷、戈壁沙漠或撒哈拉沙漠的偏远角落发掘化石。他们征服酷热、尘沙和致命的动物后，劈开坚硬的岩层得到了化石。但是现在，科学家发现很多恐龙化石遍布全球，就连俄罗斯遥远的北部疆土也不例外。在那里，古生物学家必须应对刺骨的寒冬和蚊虫飞舞的夏天。

亚历山大·阿瓦里安诺夫（Alexander Averianov）也是一位古生物学家，他来自圣彼得堡的俄罗斯科学院动物学研究所。在 2010 年，他的团队宣布了一项激动人心的发现：在西伯利亚中部辽阔的克拉斯诺雅尔斯克地区，找到了一堆杂乱的化石，化石属于小型肉食性恐龙。这种恐龙比霸王龙古老得多，生活在距今约 1.7 亿年的中侏罗世，大小与人类相似。他们根据当地语言里的“蜥蜴”将它命名为哈卡斯龙（*Kileskus*）。后来，科学家发现哈卡斯龙正是研究暴龙类崛起的关键线索。

乍看之下哈卡斯龙并无特别之处，然而它和霸王龙有很大的不同。如果霸王龙也生活在中侏罗世的俄罗斯，它甚至可以用短得可怜的前肢撇开哈卡斯龙，就跟拍苍蝇一样轻松。但是，哈卡斯龙和冠龙具有相似之处。冠龙是另一种小型肉食性恐龙，它生活在据当时 1000 万年后的中国。在 2006 年时，科学家对这种恐龙做了描述。冠龙的头顶上都有华而不实的莫霍克式骨质头饰，它的标本远比哈卡斯龙完整。在冠龙身上，有着只有暴龙类才有的特征，比如吻部融合的鼻骨。这些共同特征表明哈卡斯龙和冠龙有相同的祖先：伟大的暴龙类起源于卑微且几乎毫不起眼的哈卡斯龙和冠龙。

这两项惊人的发现，使暴龙类发展过程中的黎明时期逐渐呈现在人们面前。刚开始时，人们以为暴龙起源于巨型的超级掠食者，但哈卡斯龙和冠龙的出现告诉我们，事实并非如此。那时的暴龙类只能生活在巨大掠食者（它们的远亲，比如异特龙或角鼻龙）的阴影中，是二流甚至三流的肉食者。此外，暴龙类谱系的源头比所有人想象得都要深远。在它们生活的年代，盘古大陆尚未完全分离，动物可以比较轻松地迁移到各个大陆。这也解释了为什么早期的暴龙类会出现在俄罗斯和中国，较晚出现的种类则是在美国、英国，甚至澳大利亚被发现的（部分澳大利亚掠食恐龙的分类关系仍有争议）。哈卡斯龙和冠龙的标本也表明，暴龙类花费了极为漫长的时间才取得霸权：从暴龙类祖先的出现到霸王龙的出现，中间至少经历了 1 亿年的时间，霸王龙的出现和人类出现之间的间隔，也才 6600 万年。

长在身上的羽毛

虽然暴龙类花了很长时间才变成真正的巨兽，但这并不表示它们的演化在过渡期里处于停滞状态。很多证据表明这一族群远在特暴龙（*Tarbosaurus*）和霸王龙的同类出现之前就极为多样化。其中非常关键的例子来自中国的辽宁省。

在从北京到辽宁的火车上，我们用 3 个半小时穿越连绵不绝的山丘乡野，一路上满是农田和烟囱，但是对于化石猎人来说，这里可是圣地。

在过去的 20 年中，当地的农民发掘出了数千具恐龙化石。在 1.2 亿 ~1.3 亿年前，这里接二连三地发生了规模巨大的火山爆发，很快这些不幸的动物就被埋葬在了泥灰之下，它们的遗骸至今仍纤毫毕现，就像意大利庞贝古城保存下的遗骸一样。在这里埋葬的诸多动物中，有两种非常让人着迷的暴龙类恐龙。在 2004 年时，中国科学院古脊椎动物与古人类研究所的徐星描述了其中的第一种，也就是帝龙（*Dilong*）。这种恐龙的大小与金毛寻回犬相似，具有长长的前肢，可以用来捕捉猎物。它们骨架轻盈且腿部修长，十分适合快速奔跑。在 2012 年，徐星又描述了第二种暴龙类恐龙。它与帝龙截然不同，身长 8 至 9 米，体重约为 1 吨。这种被称为羽王龙（*Yutyrannus*），当时它可能位列或者接近食物链的顶端。这两种恐龙都来自相同的岩层，它们共享着 1.25 亿年前的那片世界。两种化石都有融合的鼻骨和暴龙类的其他典型特征，这都说明暴龙类在早白垩世就已分化出了很多新的种类，而且在生态系统里占据了不同的位置，其中一些已经拥有了庞大的身躯。

不仅如此，帝龙和羽王龙的存在还有其他重要意义。曾经，古生物学家以为恐龙是身被鳞片、笨重臃肿的爬行动物。但是近年来，研究者们发现，有证据表明多数恐龙身上长着绒毛，而不是鳞片，而且它们比大家以前想象的形象更加活跃机智。也就是说，比起爬行动物，它们更像鸟类。毫无疑问，从帝龙和羽王龙的研究得出的结论也符合这种形象。这两种恐龙的骨骼上都被厚厚的羽毛样绒毛所覆盖，但那不是构成现生鸟类翅膀的片状羽毛，而是更简单的丝状羽毛，像毛发一样。和鸟类不同，暴龙类完全不能飞行。羽毛对它们来说可能只是装饰或保暖工具。暴龙类和其他很多恐龙都有羽毛，以此类推，霸王龙可能也长着羽毛。如果你觉得这些暴君还不够可怕的话，那就把它想象成来自地狱的大鸟，精力十足而且思维敏捷。

霸主的崛起

无论是在俄罗斯、中国还是世界上的其他地方，新出土的化石都表明，在中侏罗世到早白垩世这段时间里，暴龙类的发展势头甚旺。即使那时它们并不出众，还没称王称霸，但也一直扮演着相对稳定的角色。它们是一群行动诡秘、速度迅猛的掠食者。

不久后的环境巨变，彻底改变了食物链的结构。在白垩纪中期，也就是 1.1 亿年前至 8500 万年前之间，恐龙的生态系统经历了一次彻底地变化。长期雄踞食物链顶端的异特龙（allosaurs）和角鼻龙（ceratosaurs）几乎消失殆尽，暴龙类则顺势夺取了北方大陆的霸主之位。这场变故的准确原因还不得而知，因为中白垩世少有恐龙化石留存下来。或许是因为温度上升和海平面波动，9400 万年前暴发了一场大灭绝。

不管暴龙类通过什么手段取得了成功，它们在达到食物链顶端后，就迅速繁荣兴盛起来。在白垩纪的最后2000万年里，它们成了前臂短小、头颅巨大、体重数吨的超级掠食者，横扫北美和亚洲，它们甚至可以一口咬碎猎物的骨骼。在幼年时它们能以每天数公斤的速度疯狂生长。暴龙类生活得太过狂暴，以至于古生物学家们至今都未发现活到30岁以上的暴龙。

虽然巨大的暴龙类在北美和亚洲取得了成功，但它们始终没在欧洲和南方大陆站稳脚跟，其他大型掠食者则在这些土地上繁衍生息。重建地球晚白垩世时期的气候和大陆结构之后，我们理出了一些头绪。当时的世界已经和暴龙类诞生时的世界大不相同。各个大陆早已逐渐远离，快要达到现今海陆分布的状态了。另外，大幅度升高的海平面使美洲分开，并将欧洲分割成了一群小岛。霸王龙生存时的地球，已被海水分隔得支离破碎。因此，霸主不能称霸全球的原因可能很简单：因为它们根本过不去。

庞大的暴龙家族

有人以为，像霸王龙这样大型暴龙类统治的地域内，体型较小的暴龙类可能无从立足。但最新的化石表明，这个观点可能存在问题。即使是在白垩纪最后的几百万年中，除了霸王龙和它们的亲眷能高枕无忧地享用美食，食物链各层中还分布着许多被忽视的暴龙类。

虔州龙就是很好的例子。吕君昌是中国地质科学院地质研究所的研究员。在 2013 年的一次会议上，他让我看了虔州龙的照片，这是我第一次看见虔州龙，惊得目瞪口呆。虔州龙是白垩纪末期的暴龙类恐龙，它和素有“蜥蜴暴君”之称的霸王龙有着天壤之别。它的体型较小，只有 8 至 9 米长，体重可能只有 1 吨左右。即使是这样的体型，你也不会想在远古的某个角落里遇见这家伙，不过，和霸王龙相比，它只能算是流浪汉。更奇怪的是，它头骨窄长，结构精细，和表亲发达的肌肉以及能够轻松咬碎骨头的头颅相比，差别极大。

因为之前研究过其他两种特殊的长吻暴龙类，吕君昌研究员邀请我协助他描述这件新的恐龙化石。这些化石在几十年前就被发现了，在很长一段时间里，它们都让科学家们倍感困扰。其中的第一件化石是 20 世纪 70 年代俄罗斯团队在蒙古发现的，他们把它称为遥远分支龙（*Alioramus remotus*），认为这是一种畸形的长颅骨暴龙。在冷战时期，这些标本鲜有人过问，大家一直沉浸在它是古怪的新品种还是特暴龙幼龙的争论之中。在 21 世纪早期，我的博士导师，美国自然历史博物馆的马克·诺雷尔（Mark Norell）带领了一支蒙古 – 美国联合研究队，共同发现了一具保存更好也更加完整的分支龙化石。在博士课程的第一天，诺雷尔就带我去博物馆的准备实验室观看这件骨架，他告诉我这就是我的研究课题。2009 年，我们宣布这是一个新的属种，也就是阿尔泰分支龙（*Alioramus altai*）。这具骨架的特征和特暴龙差别很大，但它是一头幼龙（根据它的内部骨骼结构推断），因此很难完全确定，它看似独特的特性不是因为生长不完全造成的。

有时候，这样的争论能持续几十年之久，古生物学家都等着新的化石来打破僵局。在我们的例子里，撞大运的铲斗车操作员让这场争论只持续了几年时间。赣州发现的虔州龙骨架也和分支龙一样具有长长的吻部和精细小巧的身体，但它明显是年龄更大的成年个体。成年个体的出现，可以避免因生长不完全带来的困惑，它可以作为决定性的证据证明：长吻暴龙类在白垩纪末期时遍布亚洲，它属于特征明显的一个种类，可能是处于二线的掠食者，在食物链中居于巨兽特暴龙（*Tarbosaurus*）之下。

虔州龙不是唯一和大块头们分享地球的小型暴龙类。就职于得克萨斯州佩罗自然科学博物馆的安东里·菲奥利罗（Anthony Fiorillo）和罗纳德·蒂科斯基（Ronald Tykoski）也发现了别的恐龙。在我们发文描述虔州龙的两周前，他们发表了一篇讨论白垩纪暴龙类的文章，他们讨论的这只恐龙来自北极圈中严寒的阿拉斯加，特征也非常奇特，学者将它称为北极熊龙（*Nanuqsaurus*）。它的遗骸只有几块骨头，和霸王龙相应的骨头很像，不过，一个显著的不同是：它的尺寸只有霸王龙的一半左右。最明显的解释是它们来自一头幼龙，但它们的骨缝（相邻骨骼之间愈合的“缝隙”）已经变厚，这种特征仅见于成年恐龙。菲奥利罗和蒂科斯

“全家福”

近年来的大量发现填补了暴龙谱系中的空白。科学家发现暴龙类的种类极多，但是演化为昔日霸主霸王龙的过程却十分缓慢。

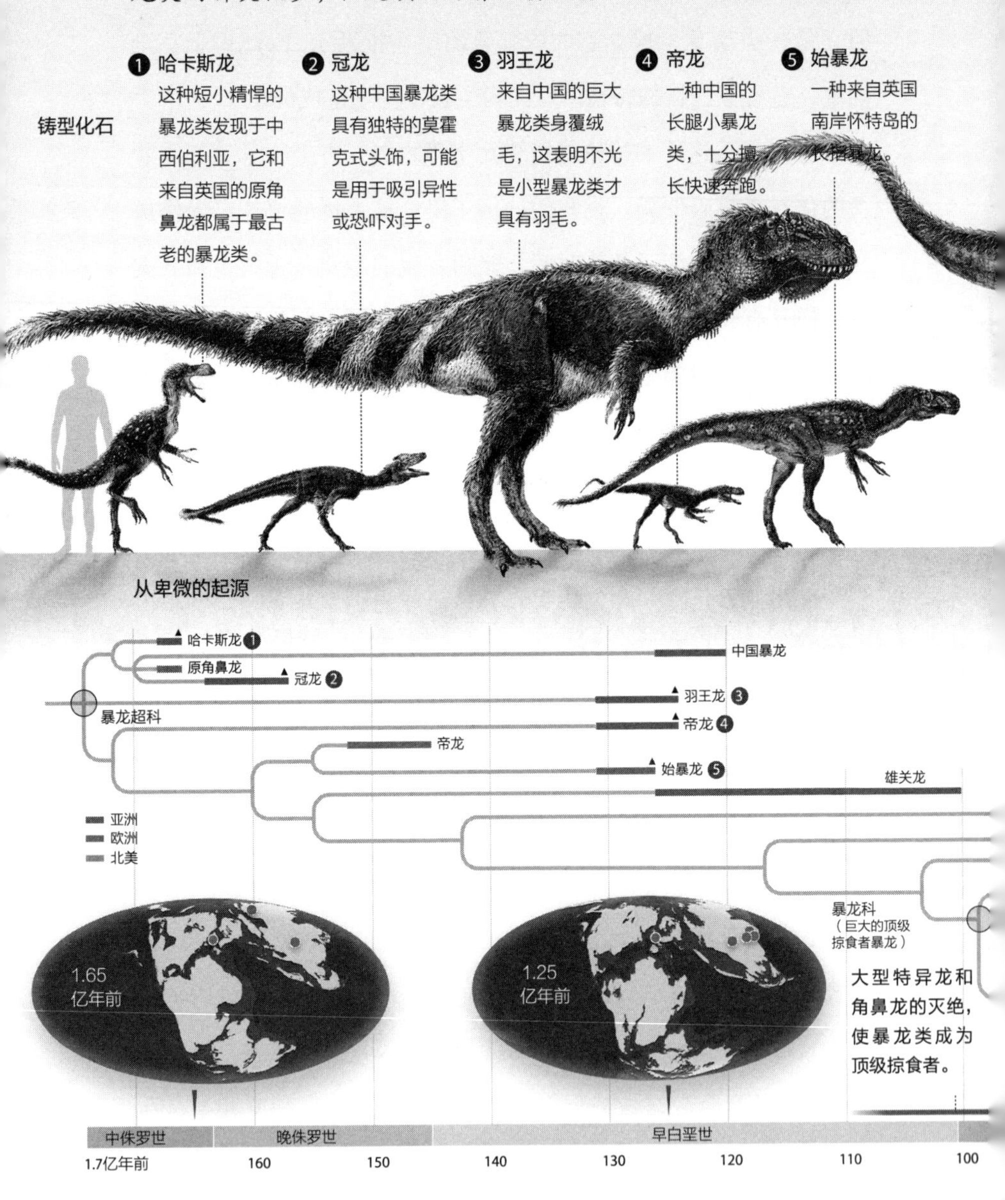

6 虔州龙
因为极长的吻部，得名“匹诺曹暴龙”的外号。

7 北极熊龙
目前为止在最北部发现的暴龙。可能因为生存在资源匮乏的北极，它们演化出了较小的体型。

8 霸王龙
这位暴君是地球有史以来体型最大的掠食者之一，只有少数远亲可以和它比肩。

到顶级掠食者

暴龙的分布

美国、英国、中国、俄罗斯（可能还有澳大利亚）不断出现的暴龙化石表明它们的分布比以前推断得更广泛。暴龙演化于大陆尚未完全分离的年代，那时大陆间的旅行十分轻松，因此它们可以广泛分布。

插图：托德·马歇尔（Todd Marshall）

基提出了一个听起来很牵强，但我认为很有道理的观点：因为栖息地资源有限，不能供养太大的动物，只有演化出体型较小的北极暴龙才能适应当地的环境。很多现代岛屿动物都因为这个原因出现了矮化现象。所以，当霸王龙在南方横行时，迷你版的它们正在北极荒野里游荡。

无法抵抗的环境巨变

随着暴龙类恐龙新成员的加入，整个谱系的演化历史也逐渐变得清晰明了。可惜，还有很多问题依然有待进一步研究。它们到底来自何方？诞生的年代是不是比中侏罗世还要古老？也许在早侏罗世它们就已经诞生只是很少留下化石作为证据？

还有，中侏罗世或中白垩世的南方大陆是否也有暴龙类？目前，除了澳大利亚偶然出现的一块神秘骨骼以外，大部分暴龙类化石都来自北方大陆。在中侏罗世或中白垩世时，很多恐龙种群都遍布全球，也许暴龙类也是其中一员。关于这些恐龙的生物学问题，也有很多有待解决。像霸王龙这类大型暴龙长着什么样的羽毛、它们的羽毛有什么作用、虔州龙和分支龙为的吻部又为什么这么长？

虽然现在暴龙类的故事依然残缺不全，但它揭示了更深层次的演化真相：演化往往是难以预测的。在 1.7 亿年前暴龙类刚诞生不久，没人会想到这些小小的潜行者会成为这片大陆的统治者，它们的成功并非上天注定。实际上，在环境变化让暴龙类得以成为顶级掠食者之前，它们已经在阴影里徘徊了 8000 多万年。然而，正当暴龙类处于巅峰之时，一颗小行星从天而降，大部分生物因此灭绝，它们也从此销声匿迹。暴龙类的力量和体型没法抵挡野火肆虐和生态系统崩溃，它们只能让位于哺乳动物，让后者开创新时代，并走向新的辉煌。

水母：海洋中的游泳冠军

乔希·菲施曼（Josh Fischman）
李 想 译

水母从不停歇。每天每夜、每时每刻，它们都在水中游弋，寻找小虾和鱼苗作食物。一天下来，它们大约能游上数千米。在游泳这件事上，水母比其他任何游水动物都要高效得多。即便换算成同等个头的生物来比，水母游泳所消耗的能量也比优雅的海豚或者同样巡游不歇的鲨鱼要少。美国南佛罗里达大学的海洋生物学家布拉德福·J. 格默尔（Bradford J. Gemmell）说："它们的运动消耗，也就是运动时所用的氧气，要比其他游水动物低48%。"最近，通过对海月水母（*Aurelia aurita*）的研究，格默尔等科学家发现了水母的成功秘诀：通过在身体周围形成压力高低不等的区域，水母便可以在一吸一推之间向前游动。

科学家曾经认为，水母之所以能如此得心应手，仅是因为它们的身体中大部分都是水，体重较轻。但是，水也是有质量的，也需要能量才能被推动。为了探究其中的奥秘，格默尔和美国斯坦福大学的工程师约翰·达比利（John Dabiri）以及他们的同事给水母拍了一组特写镜头。他们将水母放进水箱，再在水中撒上微小的玻璃珠。在激光的照射下，玻璃珠的移动便能被高速摄影机捕捉到，水母周围的水流速度和流体压力也就一目了然了。

水母每收缩一次它的钟状体（这个蘑菇状的部分占了水母身体的一大半），就能在其外围形成一个低压区，而内部的压力则相对较高。因为流体总是从高压区向低压区运动，海月水母便被推动向前。研究人员将这一发现，发表在 2015 年 11 月的《自然·通讯》(*Nature Communications*）杂志上。

接下来的事情就更有意思了。当水母放松并展开钟状体的边缘时，它下方的高压水流便会涌入到钟状体内。“这为海月水母提供了第二轮前进的动力，哪怕此时它处于放松状态，”格默尔说。要做到这一点，水母就得上下弯曲钟状体的边缘。水母也有肌肉，不过大部分都像一扎橡皮圈一样环形分布在钟状体上，这种结构主要有利于缩拢。不过，美国北卡罗来纳大学威明顿分校的生物学家理查德·萨特利（Richard Satterlie）最近发现，在钟状体的边缘还以一定角度分布着另一些肌肉组织。这些肌肉纤维可以让水母弯曲钟状体的边缘，翻动周围的水流，最终成为一名高效率的游泳健将。

水母泳姿图解

水母在身边形成压力高低不等的区域，推动自己前行。通过洒在水中的微小玻璃颗粒，科学家观察到漩涡（压力相对较低的自旋水流）贴着水母的边缘从上往下移动。图为水母的纵切面，两侧的水轮便是漩涡。水母收缩时，在钟状体内形成一个高压区，自己被推向低压的方向。水母通过弯曲钟状体的边缘，将漩涡区移至身体下方。漩涡的自转将水流推向前方，给水母提供了额外的推力。

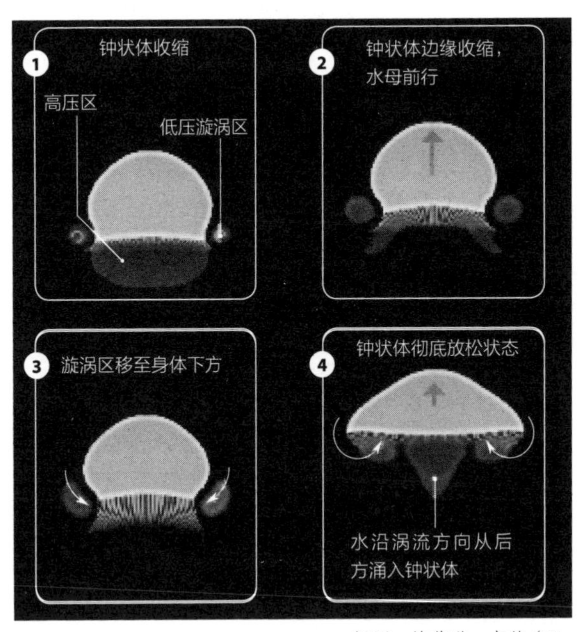

插图：埃莉诺·卢茨（Eleanor Lutz）

猩猩巨大的嗡嗡声

史蒂夫 · 米尔斯基（Steve Mirsky）
殷姝雅　译

一个老笑话这样问道，一个 400 磅（约 181 千克）重的大猩猩在哪儿睡？戏谑地回答一下：它想在哪睡就在哪睡。根据这一推理，一只 400 磅重的大猩猩也应该会主动发出类似呼噜的嗡嗡声。根据最近发表在《公共科学图书馆 · 综合》杂志上的一项研究，科学证实的答案是，一只社会地位显赫的雄性大猩猩确实会在进食时发出嗡嗡声，这种嗡嗡声听起来更像是影院里放映电影《速度与激情》时杜比音频发出的隆隆声，而不是洗碗机发出的声音。但这绝对是从那个巨大多毛的脑袋里发出的一种嗡嗡声。

该研究还发现，一些大猩猩在咀嚼最爱的植物时甚至会唱歌，虽然你可能会觉得满嘴食物时说话很不礼貌。大猩猩的歌声不像猴子乐队[⊖]那样悦耳动听，它的音乐有点模糊，但是有音乐的味道，所以把这种明显不是哼哼的声音称为唱歌是合情合理的。

大猩猩会发出这样的声音并不完全让人意外。“我们从对黑猩猩和倭黑猩猩的研究中知道，猿类在进食时会发出特定的声音，即所谓的与食物相关的叫声”。该研究的作者之一，首尔国立大学的伊娃·鲁夫（Eva Luef）在接受《科学美国人》谈话播客的采访时说：“我们想通过研究调查清楚大猩猩是否也会这样做。”

因此，鲁夫和她的同事们组成研究团队前往刚果共和国，花费了一段时间研究西部低地大猩猩的两个不同种群，它们有一个很容易记住的林奈亚种名称——*g. Gorilla*。你能猜出“g”代表什么吗？

1985 年在卢旺达去世的灵长类动物学家迪安·福西（Dian Fossey）指出，大猩猩会哼鸣和歌唱。她把这些声音统一归类为“打嗝的声音”，这似乎通常是在表达一种满足，所以，你能相信现在仍然有些人不接受大猩猩和人类有一个共同的祖先吗？

然而，目前的研究是第一次真正追踪大猩猩的声音并将它们

⊖ 猴子乐队：the Monkees，又称门基乐队。——编者注

与特定行为联系起来。“我们发现黑背少年和银背成年雄性大猩猩，是最频繁的呼叫者”，鲁夫透露。“这并不奇怪，因为成年雄性大猩猩通常是最频繁的呼叫者。另外我们发现，当它们进食某些食物时，比如水生植物或种子，会发出特定的叫声就会引发大量的食物呼叫，而当它们吃白蚁或蚂蚁等昆虫时，却从不呼叫。”因为即使是大猩猩也觉得，吃异翅目昆虫没什么好唱的。

为什么会有这些呼叫行为的发生？鲁夫说：“我们认为大猩猩的食物叫声具有社会功能。它们可能会向其他大猩猩发出信号，告诉它们某个个体此刻正忙着吃饭。银背雄性在大猩猩社群中扮演着特殊的角色，它们通常是做出集体决定的人。所以当银背大猩猩坐下来吃东西的时候，其他动物也会跟着吃。从它起床开始，一直到在森林里游荡，其他大猩猩都会跟着它。因此，银背大猩猩会向同伴们发出它还在吃东西的信号，然后在停止呼叫时代表它已经吃完了，这是有道理的。”换句话说，呼叫和唱歌可能是处于统治地位的雄性的“请勿打扰”标志。而它最终的沉默可能是“女士们和男士们”的“请注意”。

事实上，鲁夫和她的同事们计划对大猩猩的叫声进行更深入地分析，看看是否能了解我们人类的呼喊是如何形成的。他们想研究大猩猩是如何创作它们的食物歌曲的，以及它们是否拥有某种特定的音符，并将它们组合到这些小食物歌曲中。这和人类的语言更相似，因为我们能发出一定的声音，然后把它们组合成单词和不同的语言。所以如果大猩猩也能唱歌，那就太棒了。